区块链可信协议构建技术

涂哲 等◎著

THE BLOCKCHAIN-BASED TRUSTED PROTOCOL CONSTRUCTION TECHNOLOGY

北京理工大学出版社
BEIJING INSTITUTE OF TECHNOLOGY PRESS

内 容 简 介

本书由涂哲、刘路希、王潇、王小戈、朱丽萍、呼子博、周华春共同完成,主要介绍基于区块链的可信协议构建技术以及可信协议框架在武器装备研制过程中的应用。本书的主要内容包括:基于区块链的可信协议架构;可信差异化身份认证方法;可信高效访问控制方法;可信恶意流量缓解方法;可信动态信誉评估方法;可信协议架构应用举例。

图书在版编目(CIP)数据

区块链可信协议构建技术 / 涂哲等著 . -- 北京:
北京理工大学出版社,2023.11
ISBN 978 - 7 - 5763 - 3162 - 2

Ⅰ. ①区… Ⅱ. ①涂… Ⅲ. ①区块链技术 Ⅳ.
①TP311. 135. 9

中国国家版本馆 CIP 数据核字(2023)第 224417 号

责任编辑:李颖颖   文案编辑:李丁一
责任校对:周瑞红   责任印制:李志强

出版发行 / 北京理工大学出版社有限责任公司
社 址 / 北京市丰台区四合庄路 6 号
邮 编 / 100070
电 话 / (010) 68944439 (学术售后服务热线)
网 址 / http://www.bitpress.com.cn

版 印 次 / 2023 年 11 月第 1 版第 1 次印刷
印 刷 / 廊坊市印艺阁数字科技有限公司
开 本 / 710 mm×1000 mm 1/16
印 张 / 11.75
字 数 / 224 千字
定 价 / 68.00 元

前　言

　　传统互联网基于网络边界构筑安全防护体系，通过身份认证、防火墙和入侵防御系统等技术手段对网络的关键系统和数据进行保护。随着互联网规模的持续扩大以及物联网、云计算等新应用新技术的兴起，网络安全边界日渐模糊，传统的网络安全防护体系难以应对层出不穷的网络威胁。同时，随着接入设备和用户数量的急剧增长，业务需求日益复杂多样，用户行为呈现多元化、动态化的特点，传统的安全防护体系难以满足用户行为动态管控的安全需求。另外，现有安全防护手段着眼于用户个体身份，难以保护用户通信过程的安全，安全防护能力弱；网络默认赋予授权入网的用户无限信任，缺乏对用户行为的持续性监管和记录，网络中的恶意攻击流量问题日渐增多，网络安全面临严峻的挑战。

　　人工智能、知识库与区块链等技术的发展，促进了通信网络与智能的深度融合。智能通信网络通过构建高层次动态闭环反馈，赋予网络自学习、自生长和智能决策的能力。清华大学在 2019 年提出智能通信网络架构，旨在利用知识库刻画复杂干扰、业务内容特性，通过智能优化与代理服务提升资源利用效率。然而，目前围绕智能通信网络的研究尚处于起步阶段，对网络用户行为动态管控的研究和讨论还不充分。

　　我们撰写此书的目的，旨在借助智能通信网络架构设计思想，聚焦网络侧的安全问题，以"用户身份—通信行为—用户信誉—安全管控"可信链接关系，研究基于区块链的可信协议构建关键技术，最终在网络入口处形成用户行为动态可信管控体系，提高用户行为的动态可控性。

本书分为 7 章。

第 1 章首先介绍了先进网络架构发展状况，然后分析了构建可信协议的必要性，介绍了区块链可信协议框架。

第 2 章介绍基于区块链的差异化身份认证方法，以智能合约形式存储、管理不同认证方法，实现不同接入网络中不同身份认证方法的统一管理，同时为异构网络差异化身份认证提供通用的解决方案。

第 3 章介绍基于区块链的高效访问控制方法，利用零信任思想，根据不同的访问控制状态优化授权流程，对用户发起的访问控制请求进行持续、高效的访问控制响应，实现对用户访问行为的动态决策与管控。

第 4 章介绍基于深度增强学习的恶意流量缓解方法。在资源受限、动态变化卫星网络中借鉴可信协议架构设计思想，构建能够适用时变网络拓扑的分布式拒绝服务攻击缓解机制，实现恶意攻击流量准确识别，确保卫星网络通信流量安全可信。

第 5 章介绍基于区块链的动态信誉评估方法，综合考虑接入和通信过程积累的用户行为知识设计动态信誉评估模型，旨在增强对复杂网络场景中动态变化的用户行为的综合评估能力。

第 6 章介绍可信协议架构在装备研制领域的应用。在武器装备研制技术状态管理中，利用可信协议架构，运用基于区块链的细粒度访问授权方法，确保武器装备研制数据的可信授权访问，确保数据访问安全。

本书是作者结合参与的国防工业基础科研项目具体应用场景，在前期学术研究基础上产生的学术成果。作者希望在此基础上，能够有更多的科研人员投身于国防工业建设，以先进的研究思想应用于国防工业各个领域，增强国防军工行业科技成果应用转化能力。

本书获国防基础科研计划资助（项目编号：JCKY2021208B036），在此表示感谢。由于作者水平有限，书中不妥之处望读者提出宝贵建议。

作　者
于北京

目　　录

第 1 章

绪　论

随着网络用户和接入设备数量的剧增，用户行为呈现复杂多样和动态变化等特点。现有的安全防护手段缺乏对网络用户行为的持续监管和动态管控，难以系统构建基于用户行为的安全反馈、动态闭环管控新机制。在网络安全方面，智能通信网络架构引入行为知识库存储用户行为知识，通过知识指导、优化更新等方式，提升了对动态变化用户行为的协同管控能力。基于智能通信网络架构设计思想构建可信协议，不仅可以实现对用户行为的动态管控，还能够围绕用户行为监管、管控结果评估、异常行为处置等，有效提升网络管控处置能力，从而满足网络安全、可信的新需求。

本章首先介绍先进网络架构发展状况，然后分析构建可信协议的必要性，提出了区块链可信协议框架，最后介绍本书的研究内容和章节结构。

1.1　智能通信网络架构

人工智能、知识库和区块链等技术推动了通信网络与智能的紧密结合。智能通信网络通过建立高层次的动态闭环反馈，使得网络能够自主学习、自我生长并做出智能决策。

近年来，智能通信网络的相关研究受到了广泛的关注，世界各国和组织相继提出一系列的项目和计划。2017 年 2 月，欧洲电信标准化协会成立体验式网络智能工作组，旨在借助人工智能自适应调整网络服务，实现策略控制、业务部署等智能化操作[1]。2018 年 6 月，由中国信息通信研究院、华为技术有限公司发起，联合了国内电信运营商、设备制造商、互联网公司、内容提供商和高校、科研院所等多家网络相关单位共同组建了网络 5.0 产业和技术创新联盟。该联盟主要就下一代数据网络的相关工作展开筹备[2]。2019 年 3 月的政府工作报告将人工智能升级表述为"智能＋"，提出依托工业互联网平台推动传统产业向智能化创新驱动平台转型升级[3]。2019 年 10 月，国际电信联盟电信标准化部门召开网络 2030 研讨会，对 6G 三大应用场景达成共识[4]。2020 年 2 月，国际电信联盟无线电通信部门启动面向 2030 年 6G 网络的研究工作，旨在围绕下一代智能化网络展开探索[5]。

北京交通大学依托国家"863 计划"和"973 计划"，在标识网络和智慧标识网络的基础上，提出了具有"三层""三域"结构的智融标识网络架构。如图 1－1 所示，"三层"结构由智慧服务层、资源适配层和网络组件层组成；"三域"结构由实体域、行为域和知识域组成。

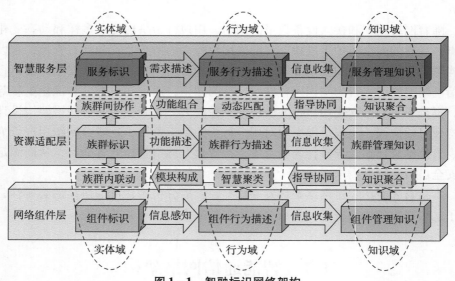

图 1－1 智融标识网络架构

在"三层"结构中：智慧服务层对服务标识进行分配、描述以及统一管理，实现资源动态匹配和服务智慧查询等功能；资源适配层对网络状态与服务需求进行感知，实现网络资源的动态分配；网络组件层进行数据存储与转发，同时对网络组件的行为进行感知与聚类。

在"三域"结构中：实体域使用对应的标识对网络服务、族群和组件等进行标记,保障网络的实际运行;行为域对实体域中的行为特征进行抽象描述,用于网络动态信息的控制、计算与协同;知识域收集网络中动态、多维属性的量化信息,通过反馈优化用于指导实体域和行为域之间的协同服务。

清华大学立足于国家重点研发计划"变革性技术关键科学问题"重点专项项目"智能通信架构与可信协议基础",在无线网络环境中,提出了智能通信网络架构[6]。智能通信架构致力于破除通过规模提升能力的网络发展途径,研究提升网络通信容量和构筑网络安全机制的新途径,探索智能可信通信新方法。智能通信网络架构引入网络知识,通过知识积累和知识运用提升网络资源利用效率。另外,智能通信架构基于智能协同优化平台和业务处理(代理)平台构建高效协作机制,增强了用户行为的管控能力,形成了具有动态闭环管控能力的新机制。

智能通信网络架构如图 1-2 所示。智能通信网络架构通过构建环境知识库[7]、媒体知识库[8]和行为知识库[9] 3 个智能知识库刻画复杂干扰、业务内容特性,通过智能协同优化平台和业务处理(代理)平台大幅提升资源利用效率。同时,智能通信架构通过构建基于身份的可信协议,通过对恶意行为的分析溯源,大幅降低无线接入端的恶意通信流量。

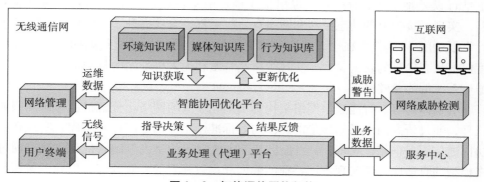

图 1-2　智能通信网络架构

在智能知识库中,环境知识库、媒体知识库和行为知识库分别存储了无线环境、媒体信息以及通信行为内容,包括通信系统设计、应用的规则、方法或模型,以及与规则、方法或模型相关的数据、技术等。

智能协同优化平台具有闭环控制架构,能够根据传输条件、业务数据、威胁警告等,通过机器学习与协同优化,生成用于指导业务数据传输和降低恶意流量的规则、方法或模型。同时,智能协同优化平台能根据反馈信息不断提升学习能力,对智能知识库进行动态更新。业务处理(代理)平台根据智慧协同优化平台传递的协同优化信息进行智能决策,并将决策结果反馈给智能协同优化平台用于整体能力的提升。

　　智能通信网络架构的工作流程如下：

　　（1）智能协同优化平台对无线通信网络的传输条件、业务内容和威胁警告信息进行特征提取，在智能知识库中查询对应的规则、方法或模型。

　　（2）智能协同优化平台对查询结果进行验证与筛选，并通过南向接口将查询内容传递给业务处理平台或网络威胁监测中心指导决策。

　　（3）智能协同优化平台根据先验知识和提取的特征内容对智能知识库中的规则、方法或模型等内容进行优化更新。业务处理平台或网络威胁监测中心实时向智能协同优化平台反馈决策结果，提升系统的学习优化能力。

　　（4）智能通信网络架构在智能知识库、智能协同优化平台和业务处理平台三者之间构建协同处理、动态反馈机制，从无线环境、媒体内容和网络安全3个方面解决通信系统资源与安全问题。

　　①无线环境。智能通信网络架构提出复杂无线环境自学习模型与动态适应环境反馈控制机制，通过研究电磁传播和用户移动特性的无线环境模型，构建环境知识库，构建环境感知与智能通信协同处理方法。He 等[10]设计模型驱动的智能译码器，通过整合深度学习等算法，实现了数据模型双驱动的译码器。在考虑信道估计误差情况下，He 等[11]提出基于模型驱动深度学习的多输入多输出检测器，实现了接收机的动态更新和网络自适应调整，有效提升了系统性能并降低了计算复杂度。Li 等[12]在空天地海一体化网络中，通过构建航线船舶位置与大尺度信道状态信息的映射关系，实现了岸基基站和无人机基站的资源分配，提升了通信系统的能量效率。

　　②媒体内容。智能通信网络架构提出多元业务的网络化分解机制与协同服务机理，通过研究面向感知质量的媒体内容标准模型，构建媒体知识库，实现智能协同通信服务框架。Wang 等[13]提出基于集成学习的率失真编码优化方法，通过多模型的自适应优选实现不同特征的输入和参数配置的有效处理，提升图像压缩效率。Lin 等[14]提出基于多参考帧预测的端到端视频编码方案和渐进式训练策略，通过有效利用视频帧的时域相关性以及历史帧的信息，实现了视频编码压缩性能的大幅提升。Lin 等提出的方案具有更好的模型可解释性和鲁棒性。Liu 等[15]提出一种基于动量梯度加速的媒体知识库演进方法，通过分布式节点和中心服务器的协同信息共享和计算，实现了知识库的快速更新和收敛。

　　③网络安全。智能通信网络架构设计基于恶意行为的协同监控架构及评估模型，通过研究基于身份的可信协议模型和恶意行为监控方法，构建行为知识库，形成无线通信网与互联网的安全协同机制。Li 等[16]提出一种包含用户行为知识库、流量行为知识库和攻击溯源知识库的分布式网络安全行为知识库架构，利用区块链赋能的学习方法实现了分布式知识库的可信动态更新。为了综合利用天地

一体化网络可用安全数据，实现多域网络计算资源的高效适配和恶意攻击流量的智能、快速检测，Li 等[17]提出一种针对星地网络入侵检测的流量行为知识库构建方法。Li 等[18]提出一种两阶段智能检测方法，通过分析网络攻击行为建立基于近似度的先验知识模型，利用注意力卷积神经网络实现异常流量的高效分类和检测。

1.2　可信协议构建分析

为了解决网络安全方面所存在的用户行为管控难、动态防御能力弱等问题，基于智能通信网络架构设计思想，本研究充分利用用户行为知识，从可信身份认证、可信访问控制、可信通信流量和可信信誉评估 4 个方面，设计具有"用户身份—通信行为—用户信誉—安全管控"可信链接关系的可信协议，在接入网关处建立安全监测与恶意行为管控协同新机制，实现网络实体身份及行为的可验证、可管控，保证整个网络空间的安全、可信。

本节分别从可信身份认证、可信访问控制、可信通信流量以及可信信誉评估 4 个方面分析用户行为动态管控可信协议构建问题，为后续的工作奠定理论基础。

1.2.1　可信身份认证

可信身份认证以用户身份是否合法为可信度量，通过对用户身份进行鉴别，阻断了恶意用户接入网络，成为网络安全的重要保障[19,20]。可信身份认证旨在解决可信链接关系中"用户身份"部分的"安全管控"问题，从身份认证的角度对接入用户身份进行鉴别，确保接入网络的用户身份是合法、可信的。

随着物联网的兴起和数字化转型的加速推进，未来网络将通过整合多种接入技术和网络类型，为全球范围内的泛在连接与智慧互联提供强有力的支撑。在身份认证方面，网络安全面临网络异构化带来的诸多挑战。首先，接入网络的深度融合催生出海量的应用场景，现有的身份认证方法难以满足海量场景多元可信身份认证需求。其次，考虑不同接入网络底层协议的差异性，难以构建一种具有可扩展性和差异化认证能力的通用型身份认证方法。最后，随着接入设备和用户数量的激增，现有的身份认证方法没有充分发挥知识库的知识指导作用，存在身份认证响应效率慢、认证信息跨域共享难等问题。

因此，为了更好地应对多种接入网快速融合的发展态势，迫切需要构建一种能够用于异构网络场景中的可信身份认证方法，提供差异化身份认证能力，实现快速、高效的身份认证响应。

1.2.2 可信访问控制

可信访问控制是继可信身份认证之后的另一个重要的管控环节。可信访问控制以用户访问是否授权为可信度量，通过对用户访问请求进行验证授权，能够有效防止网络资源被恶意获取，提升网络的安全能力[21]。可信访问控制的主要作用是在用户身份合法、可信的前提下，对用户访问行为进行动态管控，确保只有身份合法、获得授权的用户能访问相应的网络资源。可信访问控制旨在解决可信链接关系中"用户身份"部分的"安全管控"问题，从访问控制的角度对用户身份和权限进行验证，确保访问资源的用户身份和权限是安全、可信的。

在访问控制方面，异构接入、海量用户和资源多样融合给可信访问控制带来了许多挑战。首先，随着网络规模的不断扩大，网络安全边界难以界定，现有的访问控制方法缺乏对用户行为的持续性动态管控能力。其次，用户数量的剧增带来资源访问需求的持续增加，构建适用于海量用户访问场景的访问控制方法，以实现网络资源的快速访问授权，是值得重点关注的问题。最后，资源的多样化融合增加了被恶意访问和攻击的风险，如何动态、快速管控用户访问请求，阻断恶意访问行为，成为亟须解决的问题。

因此，为了适用于海量接入和大规模资源访问授权场景，当前迫切需要构建一种高效、动态的可信访问控制方法，提升网络对用户访问行为的动态管控能力。

1.2.3 可信通信流量

可信通信流量是继可信访问控制后的另一个重要的用户行为动态管控环节。可信通信流量以用户是否发送正常流量为可信度量。在用户获取资源的访问授权后，可信通信流量从两个方面实现对用户行为的管控：一方面，通过对用户访问资源过程中的流量进行实时监测，实现恶意攻击流量与正常流量的准确、快速区分；另一方面，在识别出恶意攻击流量后，及时生成并部署相应的缓解策略，以降低恶意攻击流量带来的危害。

可信通信流量是指网络能够对恶意攻击流量进行准确识别，并能根据检测识别结果动态生成攻击缓解策略，降低网络中的恶意攻击流量，提升网络的安全防御能力。

可信通信流量旨在解决可信链接关系中"通信行为"部分恶意流量的"安全管控"问题，从用户访问资源流量是否安全的角度出发，通过检测与缓解用户发起的恶意攻击流量，确保网络中的用户流量是安全、可信的。

随着地面网络和卫星网络的快速融合，构建具有泛在一体化的天地一体化网络成为未来发展的新趋势。在资源受限的卫星网络中，确保网络可信通信流量面临重大的挑战。首先，卫星网络拓扑动态变化，现有的基于静态拓扑的恶意攻击流量检测和缓解方法难以直接应用在卫星网络中。其次，卫星节点资源受限，如何构建具有动态感知能力的恶意攻击缓解机制成为亟须解决的问题。最后，考虑到卫星网络通信资源宝贵，部署恶意攻击流量缓解机制需要在尽可能不影响正常流量转发的前提下，完成对恶意流量的高效、快速阻断。

因此，为了增强卫星网络的安全管控能力，需要构建一种能够适用于动态拓扑和资源受限场景的恶意攻击流量缓解方法，降低卫星网络中的恶意攻击流量，确保卫星网络中的用户流量是安全、可信的。

1.2.4　可信信誉评估

可信信誉评估是用户行为动态管控的重要基础，可信信誉评估以用户信誉值是否真实反映用户行为为可信度量。可信信誉评估是指网络根据用户的历史行为知识（如接入行为、通信行为等），计算得到能够反映真实用户行为的用户信誉值的过程。可信信誉评估围绕链接关系中"用户信誉"部分内容，利用用户接入和通信过程积累的用户行为知识计算更新用户信誉，确保用户行为"安全管控"过程的准确、可信。

当前，网络呈现接入异构化、用户海量化和场景多元化等特点，复杂的网络状况为用户信誉评估带来巨大挑战，构建复杂场景的用户信誉评估模型具有重大意义。另外，随着网络规模的不断扩大，用户行为呈现动态变化和复杂性、多样性特性，现有的静态评估模型、关注单一行为的用户信誉评估方法难以满足用户信誉多维度、动态评估的需求。因此，为了增强对复杂网络场景中动态变化用户行为的评估能力，需要构建一种具有动态评估能力的可信信誉评估模型，增强对恶意用户行为的识别和检测能力。

1.3　区块链可信协议架构

为了适应接入异构化、需求多样化的网络场景，解决用户行为动态管控问题，增强网络对用户行为的动态管控能力，基于智能通信网络架构设计思想，本研究利用分布式区块链技术，设计了一种区块链可信协议架构，如图 1-3 所示。

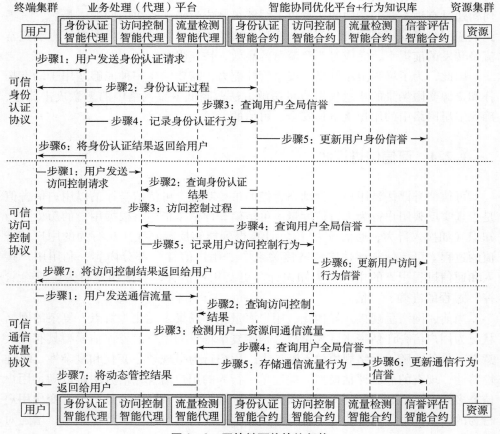

图 1-3　区块链可信协议架构

区块链可信协议架构围绕"用户身份—通信行为—用户信誉—安全管控"可信链接关系，从可信身份认证协议、可信访问控制协议和可信通信流量协议 3 个方面，形成以可信信誉评估为信任纽带的安全动态闭环反馈机制，实现对用户行为的实时、动态安全管控。

在区块链可信协议架构中，智能代理单元和智能合约单元共同实现对用户行为的动态管控。智能代理单元行使智能通信网络架构中业务处理（代理）平台的功能，根据用户行为管控策略执行动态决策；智能合约单元为智能通信网络架构中智能协同优化平台和行为知识库对应功能的统一表征，用于生成可信管控策略和存储、更新用户行为知识。

在区块链可信协议架构中，根据动态管控的用户行为的不同，可信协议被分为可信身份认证协议、可信访问控制协议和可信通信流量协议。可信信誉评估以信誉评估智能合约的形式部署在区块链中，串联可信身份认证、可信访问控制和可信通信流量的整个过程。

可信身份认证协议用于对接入网络的用户身份进行鉴别，确保用户身份是真实、可信的。

可信访问控制协议用于对访问资源的用户访问行为进行授权验证，确保用户身份和访问行为是合法、可信的。

可信通信流量协议通过对用户访问资源过程的用户流量进行检测，确保网络中用户访问资源的流量是安全、可信的。

可信信誉评估通过综合分析用户历史行为知识，计算能反映真实用户行为的用户信誉值，确保用户行为动态管控过程的准确、可信。

1.3.1 可信身份认证协议

在可信身份认证协议中，身份认证智能代理转发和处理用户身份认证请求，身份认证智能合约存储认证凭证、记录认证行为和生成用户认证向量。可信身份认证协议具体步骤如下。

步骤 1：用户向身份认证智能代理发送身份认证请求。

步骤 2：身份认证智能代理调用身份认证智能合约接口生成认证向量，对用户身份进行认证。若用户身份认证成功，则转至步骤 4，否则继续下一步骤。

步骤 3：如果用户身份不可信，身份认证智能代理需要查询用户全局信誉，并根据用户全局信誉生成动态管控结果。

步骤 4：身份认证智能代理调用身份认证智能合约接口记录用户身份认证行为。

步骤 5：信誉评估智能合约根据记录的身份认证行为更新用户身份信誉。

步骤 6：最后，身份认证智能代理将身份认证结果或动态管控结果返回给用户，身份认证过程结束。

1.3.2 可信访问控制协议

在可信访问控制协议中，访问控制智能代理和访问控制智能合约共同执行用户访问控制功能。访问控制智能代理转发用户发起的访问控制请求，访问控制智能合约生成访问策略和存储用户访问控制行为。可信访问控制协议具体步骤如下。

步骤1：用户向访问控制智能代理发送访问控制请求。

步骤2：访问控制智能代理收到访问控制请求后，查询用户的身份认证结果，验证用户身份是否合法；如果用户身份不合法，则访问控制失败，转至步骤5，否则继续下一步骤。

步骤3：如果用户身份是可信的，访问控制智能合约为用户生成访问控制决策。如果用户访问操作是未授权的，则转至步骤4，否则转至步骤5。

步骤4：访问控制智能代理查询用户全局信誉，根据得到的用户信誉生成动态管控结果。

步骤5：访问控制智能代理调用访问控制智能合约接口记录用户访问控制行为。

步骤6：信誉评估智能合约根据记录的用户访问控制行为更新访问行为信誉。

步骤7：访问控制智能代理将访问控制结果或动态管控结果返回给用户，访问控制过程结束。

1.3.3 可信通信流量协议

在可信通信流量协议中，流量检测智能代理是执行流量检测功能的组件，通过部署不同类型的检测模块，能够实现不同类型流量的实时检测。流量检测智能合约存储检测模型参数信息和记录通信流量行为信息。可信通信流量协议具体步骤如下。

步骤1：用户向网络中的网络资源发送通信流量。

步骤2：流量检测智能代理需要在用户流量第一次到达接入网关前，向访问控制智能合约询问用户是否有访问网络资源的权限。

步骤3：如果用户是授权访问用户，则允许用户向网络资源发送流量；同时，流量检测智能代理持续检测用户发往资源的流量。

步骤4：如果检测到用户发送异常流量，接入网关第一时间阻断恶意通信流量；然后，流量检测智能代理调用信誉评估智能合约接口获取用户全局信誉，并根据获取的用户信誉生成动态管控结果。

步骤 5：流量检测智能代理根据流量检测结果，定期将用户通信流量行为存储在流量检测智能合约中。

步骤 6：信誉评估智能合约根据记录的通信流量行为更新通信行为信誉。

步骤 7：最后，流量检测智能代理将动态管控结果返回给用户，流量检测过程结束。

第2章
可信差异化身份认证方法

随着多种接入网络的加速融合，全球范围内万物互联已成为一种趋势。然而，由于不同接入网络底层协议的差异性，难以找到一种通用的可信身份认证方法能同时支持多种接入网络下的不同认证方式。另外，现有的身份认证方法难以满足用户日益增长的差异化身份认证需求。本研究从可信身份认证角度，提出了一种基于区块链的异构网络差异化身份认证方法。该方法将不同的认证方法以智能合约的形式存储在区块链中，实现不同认证方法的统一管理。

2.1 引　　言

未来网络融合多个维度（海洋、陆地、天空、太空）的接入网络，将具有超高的异构性[22,23]。用户身份认证能够实现用户身份鉴别，阻断恶意用户接入，是网络安全的首层保障。与传统网络架构相比，异构网络对认证方式提出新的安全需求。

（1）可靠性。多种接入网络的深度融合催生海量应用场景。异构网络认证方式要能够为不同的场景提供安全可靠的认证服务。

（2）可扩展性。在异构网络中，不同的接入网络的服务能力存在差异。认证方法要具有可扩展性和通用性，以便部署在不同的接入网络中。

（3）高效性。异构网络进一步推动了万物互联，网络中的用户和设备的数量急剧增加，如何在泛在互联的异构网络中实现快速、高效的身份认证也是亟待解决的关键问题。

区块链构建的可信协作[24]、数据共享[25]机制能够有效解决异构网络节点间缺乏互信的核心问题，给异构网络提供全新的演进方向[26]。在异构网络中，构建基于区块链的认证方法能够充分满足网络异构性带来的新的安全需求[27]。在可靠性方面，区块链的匿名性和不可篡改性能够有效防止认证数据的泄露和被篡改，保证身份认证的安全可靠[28]；在可扩展性方面，区块链去中心化和智能合约特性能一定程度缓解网络异构性带来的影响，有利于普适性认证方法的构建[29]；在认证效率方面，可信数据共享机制促进了海量认证数据的交换，提升了跨域认证场景中用户身份认证的效率[30]。

然而，现有的基于区块链的认证方法无法直接应用于异构网络中，还存在以下问题。

（1）异构网络认证方法复杂多样，现有方法缺乏对各种认证方法的统一管理。

（2）异构网络用户认证需求多样，现有认证方法难以根据用户不同的认证需求提供差异化认证服务。

在本章中，差异化认证服务是指网络针对不同的用户认证需求（如认证方式、安全级别、响应速度等）提供不同的认证方法，因此，在异构网络中，迫切需要一种能够满足不同认证需求，且能够统一管理不同认证方法的身份认证方法。

本研究基于区块链可信协议架构，提出了一种基于区块链的异构网络差异化身份认证机制（Blockchain – based Differentiated Authentication Method，BDAM）。该认证机制能够以智能合约的形式存储不同的认证方法，实现异构网络认证方法的统一管理。另外，本研究所提出的认证机制能够实现认证方法的动态部署，以较少的额外时间（毫秒级）提供差异化的认证服务。

2.2　可信协议研究现状

随着卫星网络、移动网络等多种接入网络的深度融合，未来网络将进一步实现全维度通信资源的协同，实现全球范围的智慧连接和泛在互联[31,32]。如何在异构网络中设计一种通用的用户身份认证方法，使其能够满足日益增长的差异化身份认证需求，成为可信身份认证研究的重点之一。

目前，针对不同的异构网络场景，相关学者开展了多种异构网络用户身份认证研究。

在异构工业物联网中，Xiong 等[33]提出一种部署在基于身份系统和基于无证书系统的身份认证协议，满足基于身份系统中的传感器与基于无证书系统中的用户之间的隐私保护需求。

在异构 Beyond 5G 网络中，Cui 等[34]提出一种不同于现有 5G 身份认证标准，该标准能够支持边缘计算的终端用户认证框架。该认证框架将认证流程分为 3 个阶段：离线注册阶段、主认证阶段和透明认证阶段，在接入节点间实现基于身份密码体制的用户与终端的统一认证。

Cao 等[35]在 LTE – WLAN 异构网络中，提出一种基于混合密码系统和无证书签名加密的认证协议——IEAP – AKA 协议，该协议与其他认证协议相比具有更高的安全性。

在异构无线传感器网络中，Athmani 等[36]提出一种基于动态密钥矩阵的认证和密钥分发方案——EDAK 方案。该方案实现轻量级的身份认证和密钥分发，优化认证过程中传感器节点的内存消耗，有效降低了节点的通信开销。

上述认证方式主要关注一个或有限几个接入网络的异构网络，无法适用于融合多个接入网络的异构网络场景，也难以实现对不同认证方式的统一管理。另外，上述身份认证方式大多采用集中式方式进行部署，不能有效防止单点故障，难以实现跨域用户认证请求的快速响应。

近年来，随着区块链技术的发展，越来越多的学者倾向于使用区块链来设计异构网络用户认证方法。区块链分布式、去中心化等特性能够很好地解决传统异构网络中认证中心单一问题；同时，基于区块链的身份认证方法通过认证信息全局共享，能够实现异构网络跨域快速身份认证。

在异构物联网中，Zhang 等[37]设计了一个具有全局区块链和本地区块链组成的混合区块链模型，提出了一个用于不同能力节点间的身份互认证方法。Khalid 等[38]提出一种基于雾计算和区块链的去中心化认证和访问控制机制。Khalid 所提出的去中心化机制能够满足物联网安全需求，通过对物联网中的设备进行认证和授权，实现不同物联网系统中设备间的通信，为物联网提供一个安全可控的环境。Panda 等[39]提出一个由设备层、雾层和云层组成的基于区块链的分布式物联网架构。基于所提出的架构，Panda 等利用单向散列技术，提出一种高效的密钥生成和管理方案，实现异构物联网通信实体之间的相互认证。

为了实现异构移动边缘计算场景中多个信任域的互联，Lin 等[40]提出一种基于区块链的零知识证明认证系统。Lin 等根据节点计算能力，将移动边缘计算服务器划分为轻节点和共识节点。其中，轻节点运用非交互式零知识证明的身份认证方法对用户进行认证，共识节点运用共识算法将认证信息存储上链，以实现用户在异构网络中的快速切换认证。

　　然而，上述基于区块链的异构网络身份认证研究仍存在许多问题。如认证方法静态不变，无法根据异构接入网络的网络状态动态调整身份认证方法，且认证方法可扩展性差。另外，上述认证方法缺乏对用户认证需求的解析，难以根据用户不同的认证需求提供差异化的认证服务。针对差异化身份认证问题，Zhang等[41]设计了一种基于区块链的用户身份跨域认证方法，该方法通过在区块链上存储域加密算法信息和用户认证信息，在不同网络域之间，采用哈希算法和签名算法实现用户间的差异化身份认证。另外，Luo 等[42]针对差异化认证需求，提出了一种灵活、安全的可组合认证和服务授权框架，并提出了一种结合三因素的身份认证协议，对应 4 个不同安全级别的身份认证。

　　上述差异化身份认证方法虽然能够针对用户需求实现差异化身份认证，但是在可扩展性和普适性方面仍不能满足异构网络身份认证需求。

　　表 2 - 1 是上述可信身份认证研究方法的比较。相比之下，本研究所提出的基于分布式区块链技术的身份认证方法可以解决异构网络用户身份认证问题，并能使用区块链合约实现不同身份认证方法的统一管理，同时针对不同的身份认证需求提供了差异化身份认证服务。

表 2 - 1　可信身份认证研究方法的比较

相关研究	应用场景	部署方式	可靠性	可扩展性	统一管理	差异认证
Xiong 等[33]	工业物联网	集中式	否	否	是	否
Cui 等[34]	异构 Beyond 5G 网络		否	否	是	否
Cao 等[35]	LTE - WLAN 异构网络		否	否	是	否
Athmani 等[36]	异构无线传感器网络		否	否	是	否
Zhang 等[37]，Khalid 等[38]，Panda 等[39]	异构物联网	分布式	是	是	否	否
Lin 等[40]	边缘计算网络		是	是	否	否
Zhang 等[41]	多域网络	分布式	是	否	是	是
Luo 等[42]	5G 网络	集中式	是	否	否	是

2.3　模型定义与假设

　　在本节中，首先给出了异构网络的身份认证框架；随后介绍本研究所提出的差异化认证框架系统模型，系统模型中使用的主要参数和定义描述如表 2 - 2 所示。

表 2 - 2　差异化认证框架系统模型的主要参数和定义描述

参数	定义描述
U_{id}	用户标识
U_{al}	用户认证标识
M	认证方法
V	认证方法版本
T_{ur}	用户注册时间
T_{ua}	用户认证时间
T_{ue}	认证凭证过期时间
T_{ar}	认证方法注册时间
T_{ae}	认证方法过期时间
R_{ua}	用户身份认证结果
K_{sc}	用户通信协商密钥
NoS	用户身份认证成功次数
NoF	用户身份认证失败次数
NoAP	单位时间用户身份认证次数
ContrInfo	用户身份认证合约内容
ContrI/F	用户身份认证合约接口

2.3.1　异构网络认证框架

如图 2 - 1 所示，异构网络认证架构（HetNets Authentication Architecture，HAA）由大量的接入网络、认证中心、异构网络用户/设备和异构接入网关组成。在认证过程中，异构网络用户/设备向异构接入网关发送认证请求；随后，异构接入网关将认证请求转发到认证中心进行用户/设备身份认证。异构网络认证架构中各组件的主要作用描述如下。

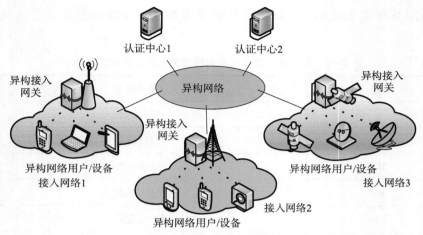

图 2-1 异构网络认证架构

1. 接入网络

异构网络由各种接入网络（移动网络、卫星网络、WLAN 等）组成。由于各种接入网络的底层协议和业务能力不同，不同接入网络的身份认证方式也存在差异。

2. 认证中心

认证中心是异构网络认证架构中实现异构网络用户和设备身份认证的实体。认证中心可以基于不同的技术（如 PKI、CLC、IBC）来构建，以满足不同的认证需求。

3. 异构网络用户/设备

异构网络用户/设备是发起认证请求和需要进行身份认证的实体。在异构网络认证架构中，异构网络用户/设备由大量的用户和设备（如传感器、手机、笔记本电脑、智能电网设备和智能家居设备等）组成。

2.3.2 差异化认证框架系统模型

为了实现异构网络差异化身份认证，基于异构网络认证架构，本研究提出了一个基于区块链的差异化认证框架（Blockchain - based Differentiated Authentication Framework，BDAF）系统模型。BDAF 包含接入域（Access Domain，AD）、用户（User Equipment，UE）、认证代理（Authentication Agent，AA）、区块链网络（Blockchain Network，BN）和网络管理员（Network

Administrator，NA），如图2-2所示。BDAF 分为异构网络和区块链网络两部分。其中，异构网络由不同的接入域组成，每个接入域包含多个认证代理和用户；区块链网络由不同的认证代理组成，部署在不同的接入域中。BDAF 构建在异构网络认证架构之上。与异构网络认证架构不同的是，BDAF 使用认证代理和区块链网络来代替 HAA 中认证中心的功能。接下来，对基于区块链的差异化认证框架中不同认证实体的功能进行说明。

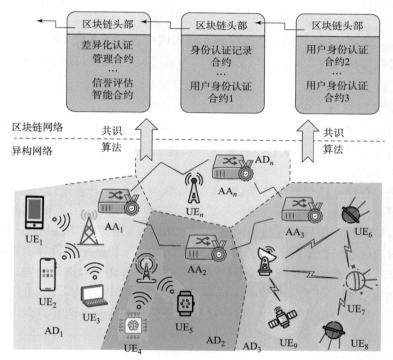

图 2-2　基于区块链的差异化框架认证系统框架

1. 接入域（AD）

根据接入网络的类型，将 HAA 的接入网络划分为若干个接入域。如图 2-2 所示，WLAN 和卫星网络分别表示为接入域 AD_1 和接入域 AD_3。同一类型的接入网络因地域、规模等因素的不同可以被划分成不同的接入域。如图 2-2 所示，接入域 AD_1 和接入域 AD_2 分别表示两种相同类型的 WLAN。在每个接入域的接入网关处，均部署有执行差异化身份认证服务的认证代理实体。网络管理员可以根据网络规模和需求，动态部署和调整接入域中认证代理实体的数量。

2. 用户（UE）

在 BDAF 中，使用用户来统一表征 HAA 中的异构网络用户/设备。如图 2-2 所示，接入域 AD_1、接入域 AD_2 和接入域 AD_3 中的用户分别用 $UE_1 \sim UE_9$ 表示。

3. 认证代理（AA）

在差异化身份认证过程中，认证代理承担了异构网络接入网关的全部功能和 HAA 中认证中心的部分功能。认证代理拥有以下 4 个功能：①响应差异化认证请求，进行差异化认证。②与区块链网络一起行使 HAA 中认证中心的功能，进行用户身份注册和认证。③作为区块链网络的接口，为用户提供存储、查询和更新服务。④为网络管理员提供认证方式注册、更新的管理接口，实现认证方法的动态更新。如图 2 - 2 所示，认证代理在接入域中表示为 $AA_1 \sim AA_n$。在实际部署中，认证代理被部署在异构网络的边缘接入网网关上，以提高用户身份认证的响应效率。

4. 区块链网络（BN）

不同接入域中的认证代理运行相同的共识算法共同组成一个区块链网络。区块链网络具有 HAA 中认证中心的大部分功能。在 BDAF 中，区块链网络主要拥有以下 3 个功能。

首先，存储认证信息（注册信息、认证凭据、认证记录等），为用户提供身份认证服务；其次，以认证合约的形式存储多种身份认证方法，确保差异化认证框架的可扩展性；最后，区块链网络实现异构网络不同认证方法的统一管理。

为解决区块链数据同步带来的处理瓶颈问题，区块链网络设置成数据周期性同步。在认证过程中，认证代理替代区块链网络对认证请求进行响应，提高身份认证的响应效率。在下一小节中，将对 BDAF 中的智能合约[43]（如差异化认证管理合约、用户身份认证合约、身份认证记录合约和信誉评估智能合约）分别进行介绍。

5. 网络管理员（NA）

为了实现手动管理认证，在 BDAF 中引入网络管理员的角色。网络管理员根据网络情况通过认证代理的管理接口对区块链中的认证方法进行操作（部署、删除或更新）。

2.3.3 差异化认证合约系统

基于区块链的差异化认证框架中的认证合约系统（Authentication Contract System，ACS）结构如图 2 - 3 所示。ACS 由差异化认证管理合约（Differentiated Authentication Management Contract，DAMC）、用户身份认证合约（Ue Identity Authentication Contract，UIAC）、身份认证记录合约（Identity Authentication

Record Contract，IARC）、信誉评估智能合约（Reputation Evaluation Smart Contract，RESC）组成。各个合约的具体功能介绍如下。

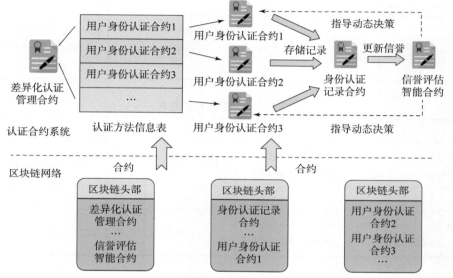

图 2 - 3　差异化认证框架中的认证合约系统结构

1. 差异化认证管理合约（DAMC）

DAMC 是 ACS 的核心组件，统一管理终端用户的身份和认证协议。在 ACS 中，DAMC 拥有以下两个功能。

（1）对 UIAC 进行统一管理，以满足异构网络认证方法安全共享的需求。

（2）为认证代理提供认证方法查询接口，给用户提供差异化的认证服务。

根据上述两个功能，DAMC 提花了两个信息表：认证合约信息表（Authentication Contract Information Table，ACIT）和认证方法信息表（Authentication Method Information Table，AMIT）。ACIT 存储注册认证合约信息，AMIT 存储认证方法信息。表 2 - 3 为认证合约信息表，其中每一行表示一条记录的用户身份认证方法信息。表 2 - 4 为用户身份信息表，其中每一行表示一条用户注册的身份认证方法。

表 2 - 3　认证合约信息表

M	V	T_{ar}	T_{ae}	ContrInfo	ContrI/F
EAP - MD5	1.0	2021 - 09 - 01 12：20	2023 - 10 - 31 15：20	{Channel：mychannel；Chaincode：eap_auth1；…}	{Query：'query'；Auth：'authen'；Update：'update'；…}

续表

M	V	T_{ar}	T_{ae}	ContrInfo	Contrl/F
…	…	…	…	…	…
5G – AKA	2.0	2021 – 12 – 25 12：53	None	{Channel：mychannel；Chaincode：mycc2；…}	{Query：'query'；Auth：'authen2'；Delete：'del'；…}

表 2 – 4　用户身份信息表

U_{al}	U_{id}	M	V	T_{ur}
14f7b73ab7e5fda85a8 6bbfdc5d0d966	5453e43b22d95a547 dfc5f72594831f4	EAP – MD5	1.0	2021 – 09 – 03 16：24
…	…	…	…	…
cb177ecd1834e2c958f a3e2ddadfafcf	b2c78cfe1b52426c2 46e96067ee21eec	5G – AKA	2.0	2021 – 12 – 25 14：23

2. 用户身份认证合约（UIAC）

UIAC 是 ACS 的重要组成部分。ACS 中每个 UIAC 代表一种身份认证方法。由于版本或其他因素，相同的身份认证方法可以注册为不同的 UIAC。在每个 UIAC 中，存储用于身份验证的信息（如身份凭证、时间等）。认证代理通过与区块链网络的接口调用 UIAC 对 UE 进行认证。UIAC 有两种部署方法。

（1）NA 可以在系统初始化时注册认证方法。

（2）NA 可以根据认证需求动态部署 UIAC。NA 通过调用认证代理的管理接口可以注册、更新和删除 UIAC。UIAC 提供了一个用户身份信息表（Ue Identity Information Table，UIIT）。该表存储了用户身份认证信息，如用户身份认证凭据 U_p（如用户密码）、认证协商通信密钥 K_{sc} 等。表 2 – 5 为基于 EAP – MD5 V1.0 认证方法的用户身份信息表，其中，每一行表示一个使用 EAP – MD5 V1.0 认证方法的用户身份信息。

表 2 –5　用户身份认证信息表

U_{id}	U_p	T_{ur}	T_{ue}	K_{sc}
5453e43b22d95a547 dfc5f72594831f4	6c04bbdd4d 2f3587	2021 – 09 – 03 16：24	2022 – 05 – 03 16：24	e398ecc271c2f37460 2ca276a5b16c3b

续表

U_{id}	U_p	T_{ur}	T_{ue}	K_{sc}
…	…	…	…	…
5c4cf69866ac22f19 73eca3a50b4742c	113461a073 9de7b6	2021 – 12 – 08 12：53	2022 – 12 – 08 12：53	452936a546e8e8c40 6a0f029891c6d78

3. 身份认证记录合约（IARC）

IARC 将用户认证记录保存在 ACS 中。当用户完成认证后，认证代理调用 IARC 函数将用户的认证行为存储在区块链上。部署 IARC 不仅可以实现对用户认证行为的溯源，还能够满足跨域快速身份认证的需求。IARC 提供了一个认证记录信息表（Authentication Record Information Table，ARIT）。表 2 – 6 为认证记录信息表，其中每一行表示一条用户认证行为记录。

表 2 – 6　认证记录信息表

U_{id}	M	V	T_{ua}	R_{ua}	NoS	NoF	NoAP
5453e43b22d95a547 dfc5f72594831f4	EAP – MD5	1.0	2021 – 09 – 04 17：34	Success	1	0	1
…	…	…	…	…	…	…	…
b2c78cfe1b52426c2 46e96067ee21eec	5G – AKA	2.0	2022 – 01 – 11 08：12	Success	8	1	3

4. 信誉评估智能合约（RESC）

在用户身份认证过程中，RESC 负责对用户身份信誉 R_i 进行计算、更新和存储，并根据计算得到的用户身份信誉计算用户全局信誉 R_g。本章将围绕用户身份认证过程，介绍 RESC 中用户身份信誉计算过程。RESC 的具体内容和用户全局信誉 R_g 计算过程将在第 5 章中进行详细介绍。

RESC 会周期性地调用 IARC 的更新接口，获取用户的历史身份认证记录。RESC 在认证记录更新完成后，对用户身份信誉进行计算和更新。当前时刻的身份信誉 R_i 的计算公式如下：

$$R_i = \sum_{x=1}^{X} \left(\alpha_x \times \frac{S_I^x + 1}{S_I^x + \vartheta_I \cdot F_I^x + 2} \right) \tag{2 – 1}$$

式中：X 为用户子身份认证行为的总数量；S_I^x 和 F_I^x 分别为用户身份认证过程中的子身份认证行为的积极行为和消极行为。以身份认证统计行为举例，NoS（身份认证成功次数）和 NoF（身份认证失败次数）分别为子身份认证行为中的积极行为和消极行为。α_x 表示身份认证行为中每个子行为的权重因子；ϑ_I 为身份认证行为的惩罚因子。通过设置惩罚因子，可以使消极的身份认证行为对用户身份信誉产生更大的影响。ϑ_I 越大，消极的身份认证行为对用户身份信誉的影响越显著。$\vartheta_I \geq 1$。

身份信誉 R_i 的更新公式如下：

$$R_i(t) = \rho \times R_i(t-1) + (1-\rho) \times R'_i(t) \tag{2-2}$$

式中：$R_i(t-1)$ 和 $R'_i(t)$ 分别为上一时刻的用户身份信誉值和当前时刻的用户身份信誉值；ρ 为上一时刻的用户身份信誉在更新后的用户身份信誉中的占比，ρ 越大，上一时刻的用户身份信誉对更新后的用户身份信誉值的影响也就越大，$0 \leq \rho \leq 1$。

为了进一步挖掘用户认证行为之间的内在联系，在用户身份认证过程中，DAMC、UIAC 和 IARC 会将存储的用户认证行为信息聚合，周期性地将用户认证行为存储在行为知识库中。在本章中，使用区块链智能合约来行使行为知识库的功能。表 2-7 为聚合后的用户认证行为数据结构。

表 2-7 聚合后的用户认证行为数据结构

认证行为	名称	描述	数据类型
用户身份信息	U_{id}	身份标识	字符型
	U_{al}	认证标识	字符型
认证方法信息	M	认证方法名称	字符型
	V	认证方法版本	字符型
	T_{ar}	认证方法注册时间	字符型
	T_{ae}	认证方法过期时间	字符型
	ContrInfo	认证合约内容	字符型
	ContrI/F	认证合约接口	字符型
身份注册信息	T_{ur}	用户身份注册时间	字符型
	U_p	身份认证凭证	字符型
	T_{ue}	认证凭证过期时间	字符型
	K_{sc}	协商通信密钥	字符型

认证行为	名称	描述	数据类型
认证记录信息	T_{ua}	用户身份认证时间	字符型
	R_{ua}	用户身份认证结果	字符型
	NoS	用户身份认证成功次数	整数型
	NoF	用户身份认证失败次数	整数型
	NoAP	用户身份认证频率	整数型

2.3.4　本章的内容假设

在介绍基于区块链的差异化身份认证方法之前，需对本章的内容假设进行说明。本章的内容假设描述如下。

（1）区块链赋能的认证代理节点是安全可信的。

（2）在进行差异化身份认证前，UE 以及 NA 已通过安全通道与认证代理进行了通信密钥协商，且 UE 获取了认证代理的公钥。

（3）认证代理向区块链网络发起的交易是在安全通道内进行的。

2.4　差异化身份认证方法

在本节中，基于本研究提出的差异化身份认证架构，设计如图 2 - 4 所示的基于区块链的差异化身份认证方法（BDAM）。需要说明的是，为简化认证过程，图 2 - 4 中未展示用户与认证代理间信息的加解密过程。

如图 2 - 4 所示，BDAM 由 4 个过程组成：认证方法注册过程（步骤 1 ~ 步骤 6）、用户身份注册过程（步骤 7 ~ 步骤 12）、用户初始认证过程（步骤 13 ~ 步骤 24）、用户重新认证过程（步骤 25 ~ 步骤 30）。

2.4.1　认证方法注册过程

在 BDAF 中，不同的认证方法以不同的用户身份认证合约表示。为了统一管理不同的身份认证合约，认证合约系统部署了差异化认证管理合约。在认证方法注册过程中，网络管理员通过认证代理的管理接口将认证方法注册到差异化认证管理合约，实现对不同认证方法的统一管理。认证注册过程如下。

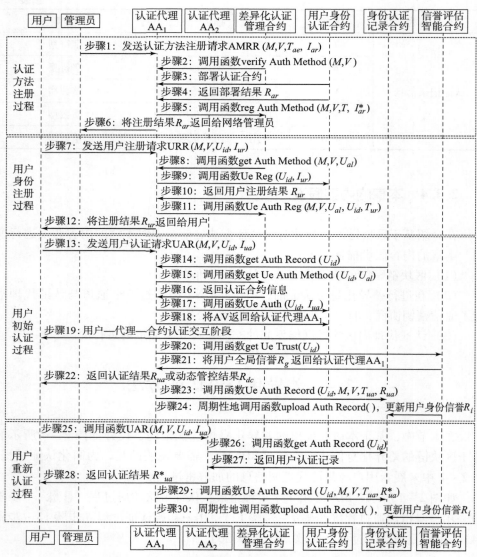

图 2-4　基于区块链的差异化身份认证方法

步骤 1：网络管理员向认证代理 AA_1 发送用使用 AA_1 公钥 Pk_1 加密的认证方法注册请求（Authentication Method Registration Request，AMRR）。AMRR 包括认证方法 M、认证方法版本 V、认证方法过期时间 T_{ae} 和认证方法信息 I_{ar}。I_{ar} 包括合约接口 ContrI/F、合约内容 ContrInfo 等其他信息。

步骤 2：认证代理 AA_1 使用自己的私钥 Sk_1 解密 AMRR；随后，调用差异化认证管理合约的函数 verify Auth Method，查询需要注册的认证方法是否存在于区块链中。差异化认证管理合约函数及功能如表 2 - 8 所示。

表 2 - 8　差异化认证管理合约函数及功能

合约函数	函数名称	功能
verify Auth Method（M，V）	认证方法查询函数	查询认证名称为 M、版本为 V 的认证方法是否存在于区块链中
reg Auth Method（M，V，T，I_{ar}^*）	认证方法注册函数	将认证名称为 M、版本为 V、认证方法时间为 T、认证方法信息为 I_{ar}^* 的身份认证方法注册到区块链中
get Auth Method（M，V，U_{al}）	认证方法信息获取函数	获取名称为 M、版本为 V、用户认证标识为 U_{al} 的用户注册的认证方法合约接口信息 ContrI/F 和合约内容信息 ContrInfo
Ue Auth Reg（M，V，U_{al}，U_{id}，T_{ur}）	用户认证方法注册函数	将用户的认证方法信息（认证方法名称为 M、认证方法版本为 V、用户认证标识为 U_{al}、用户标识为 U_{id}、认证方法注册时间为 T_{ur}）存储在差异化认证管理合约的认证方法信息表中
Ue Auth Update（M^*，V^*，U_{al}^*，U_{id}，T_{ur}）	用户认证方法更新函数	更新认证方法信息表中的用户认证方法信息，更新内容为认证方法，更新名称 M^*，更新版本 V^*、用户，更新认证标识 U_{al}^*
get Ue Auth Method（U_{id}，U_{al}）	用户认证方法获取函数	获取用户标识为 U_{id}、用户认证标识为 U_{al} 的用户的认证方法信息

步骤 3：如果认证方法不存在于区块链中，认证代理 AA_1 发起一个合约部署事务，在区块链中部署相应的用户身份认证合约。

步骤 4：区块链向认证代理 AA_1 返回身份认证合约部署结果 R_{ar} 和身份认证合约的智能合约信息。

步骤 5：在身份认证合约部署后，认证代理 AA_1 调用函数 reg Auth Method 将认证方法名称为 M、认证方法版本为 V、认证方法时间为 T 和更新的认证方法信息为 I_{ar}^* 注册在差异化认证合约的认证合约信息表中。I_{ar}^* 是根据身份认证合约结果更新后的认证方法信息 I_{ar}，例如，将合约地址信息和其他认证合约信息添加到 I_{ar} 的 ContrInfo 中。认证方法时间 T 包含认证方法过期时间 T_{ae} 和认证方法注册时间 T_{ar}。

步骤 6：认证代理 AA_1 将认证方法注册结果 R_{ar} 返回给网络管理员。

2.4.2　用户身份注册过程

用户在进行身份认证前，需要通过认证代理在用户身份认证合约中注册用户的身份信息。在用户注册过程中，用户首先在差异化认证管理合约中查询对应认证方式的相关信息；之后，认证代理调用注册接口在用户身份认证合约中进行身份注册。用户身份注册过程步骤如下。

步骤 7：用户向认证代理 AA_1 发送一个用户注册请求（Ue Registration Request，URR），请求中包含认证方法名称 M、认证方法版本 V、用户标识 U_{id}、用户注册信息 I_{ur}。URR 由认证代理 AA_1 的公钥 Pk_1 加密。用户认证凭据存储在 I_{ur} 中，I_{ur} 中存储的内容取决于身份认证的方式。

步骤 8：认证代理 AA_1 首先使用自己的私钥 Sk_1 对注册请求进行解密，并根据用户标识 U_{id}、认证方法名称 M、认证方法版本 V 生成用户认证标识 U_{al}；然后，认证代理 AA_1 调用函数 get Auth Method 来获取存储在差异化认证管理合约中的身份认证合约信息。

步骤 9：认证代理 AA_1 获得对应的用户身份认证合约信息后，调用函数 Ue Reg 在用户身份认证合约上注册用户身份。用户身份认证合约函数及功能如表 2 – 9 所示。

表 2 – 9　用户身份认证合约函数及功能

合约函数	函数名称	功能
Ue Reg（U_{id}，I_{ur}）	用户身份注册函数	将用户标识 U_{id}、用户注册信息 I_{ur} 注册在用户身份认证合约的用户身份信息表中
Ue Auth（U_{id}，I_{ua}）	用户身份认证函数	根据用户标识 U_{id} 和用户认证信息 I_{ua} 生成身份认证向量
Ue Update（U_{id}，I_{ur}^*）	用户认证信息更新函数	更新存储在用户身份信息表中的用户身份认证凭证

步骤 10：用户身份认证合约将用户身份注册结果 R_{ur} 返回给认证代理 AA_1。

步骤 11：用户身份注册成功后，认证代理 AA_1 调用 Ue Auth Reg 函数将认证方法信息存储到差异化认证管理合约中。

步骤 12：认证代理 AA_1 通过安全信道将注册结果 R_{ur} 返回给用户。

需要说明的是，用户身份信息更新过程与用户注册过程大体上是一致的，因此并未在图 2 – 4 中对用户身份信息更新过程进行展示，这两个过程的主要区别如下。

（1）在更新过程中，用户向认证代理发送一个身份信息更新请求（Ue Update Request，UUR），请求包括更新的认证方法 M^*、更新的认证方法版本 V^* 和更新的认证凭证 I_{ur}^*。

（2）认证代理需要根据 UUR 中的标识位置来判断是更新认证凭据还是更新认证方法。若认证凭证需要更新，调用函数 Ue Update 来更新用户身份认证凭证；若需要更新身份验证方法，则调用函数 Ue Auth Update 来更新存储在差异化认证管理合约中的身份认证方法信息。

2.4.3 用户初始认证过程

用户身份注册完成后，当用户接入网络时需要进行身份认证，以验证用户身份是否可信。用户初始认证的完整过程如图 2-4 中的步骤 13~步骤 24 所示。

步骤 13：用户向认证代理 AA_1 发送用户身份认证请求（Ue Authentication Request，UAR）。UAR 包含认证方法名称 M、认证方法版本 V、用户身份标识 U_{id}、用户认证信息 I_{ua}。为了防止信息泄露，UAR 使用认证代理 AA_1 的公钥 Pk_1 进行加密。

步骤 14：认证代理 AA_1 使用私钥 Sk_1 解密用户身份认证请求 UAR，并调用函数 get Auth Record 查询身份认证记录合约中的用户历史认证记录。如果认证记录存在，则进行重新身份认证过程，否则继续下个步骤。身份认证记录合约函数及功能如表 2-10 所示。

表 2-10 身份认证记录合约函数及功能

合约函数	函数名称	功能
get Auth Record（U_{id}）	用户认证记录查询函数	在身份认证记录合约的认证记录信息表中查询用户 U_{id} 用户历史认证记录是否存在。若认证记录存在，则返回用户历史认证记录；否则，返回无历史认证记录
Ue Auth Record（U_{id}，M，V，T_{ua}，R_{ua}）	用户认证行为记录函数	将用户身份认证行为信息存储在身份认证记录合约中
upload Auth Record（）	用户认证记录上传函数	周期性地将用户认证记录上传至用户信誉评估智能合约，用户更新用户身份信誉

步骤 15：如果用户历史认证记录不存在，认证代理 AA_1 调用函数 get Ue Auth Method 查询在差异化认证管理合约中存储的用户身份认证方法信息。

步骤 16：差异化认证管理合约将存储在 ACIT 中的认证合约信息返回给认证代理 AA_1。

步骤17：认证代理 AA_1 调用函数 Ue Auth 在用户身份认证合约中生成身份认证向量（Authentication Vector，AV）。

步骤18：用户身份认证合约将生成的 AV 返回给认证代理 AA_1。

步骤19：认证代理 AA_1 使用返回的认证向量 AV 与用户和身份认证智能合约进行认证交互，以验证用户的身份。若用户身份认证成功，则转至步骤22；否则，转入下一个步骤20。

步骤20：若用户身份认证失败，认证代理 AA_1 合约调用信誉评估智能合约的函数 get Ue Trust 查询用户全局信誉 R_g，信誉评估智能合约在用户身份认证过程中调用的合约函数及功能如表2–11所示。

表 2–11 信誉评估智能合约函数及功能

合约函数	函数名称	功能
get Ue Trust（U_{id}）	全局信誉查询函数	在信誉评估智能合约中查询用户全局信誉 R_g

步骤21：信誉评估智能合约将用户全局信誉 R_g 返回给认证代理 AA_1。

步骤22：若用户身份认证成功，认证代理 AA_1 将认证结果 R_{ua} 返回给用户；若用户身份认证失败，认证代理 AA_1 则根据返回的用户全局信誉 R_g 进行动态管控决策，并将动态管控结果 R_{dc} 返回给用户。动态管控决策具体如下：若用户全局信誉 R_g 小于阈值 ω，则用户身份认证动态管控结果 R_{dc} 为"禁止接入"，即不允许用户接入网络；若 R_g 高于阈值 ω，R_{dc} 为"重认证"，即用户需要再次进行身份认证。

步骤23：认证代理 AA_1 调用身份认证记录合约的 Ue Auth Record 函数，在身份认证记录合约中记录用户认证行为信息。认证行为信息包括用户标识 U_{id}、认证名称 M、认证版本 V、认证时间 T_{ua} 和认证结果 R_{ua}。随后，身份认证记录合约更新 NoS、NoF 和 NoAP，同时存储用户身份认证行为。

步骤24：信誉评估函数周期性地调用身份认证记录合约的用户认证记录上传函数 upload Auth Record，更新用户身份信誉 R_i。

为了提高异构网络的安全性，引入了身份认证成功次数 NoS、身份认证失败次数 NoF 和身份认证频率 NoAP，用于信誉评估智能合约计算用户认证过程中的用户身份信誉。

NoS 和 NoF 可以在一定程度上表征用户认证的信誉。NoS 在认证总数中所占比例越高，用户的信誉度越好；相反，NoF 比例越高，用户的认证行为越差，用户身份信誉也越差。在用户重新认证时，认证代理会根据预设的信誉阈值阻断信誉较低的用户的认证行为。另外，为了防止恶意用户在短时间内通过频繁的认证消耗系统资源，使用 NoAP 来记录单位时间内用户的认证行为。认证代理可以根据预先设置的阈值对频繁发起认证请求的用户行为进行管控。

2.4.4 用户重新认证过程

为了实现异构网络中的海量用户快速认证，本节给出了一种由基于区块链的差异化认证方法中初始认证过程改进的快速身份认证方法。假设用户在认证代理 AA_1 已完成身份认证，当用户接入认证代理 AA_2 时，用户需要进入用户身份重新认证过程。用户重新认证过程为用户快速认证提供了一种新的解决方案，这个方法无须进行完整的用户身份认证过程，减少了信令开销，提高了用户身份认证响应效率。用户重新认证过程步骤如下。

步骤 25：用户向认证代理 AA_2 发送一个使用认证代理 AA_2 公钥 Pk_2 加密的用户身份认证请求 UAR。

步骤 26：认证代理 AA_2 使用私钥 Sk_2 解密 UAR，并调用身份认证记录合约的函数 get Auth Record 获取存储在区块链中的用户历史认证记录。

步骤 27：身份认证记录合约将用户的历史认证记录返回给认证代理 AA_2。

步骤 28：认证代理 AA_2 通过分析认证记录中的历史身份认证结果 R_{ua}、身份认证成功次数 NoS、身份认证失败次数 NoF 和用户单位时间身份认证频率 NoAP，生成用户身份重新认证结果 R_{ua}^*，并通过安全通道将重新认证结果 R_{ua}^* 返回给用户。

步骤 29：认证代理 AA_2 调用身份认证记录合约的函数 Ue Auth Record，在身份认证记录合约中记录用户认证行为信息。认证行为信息包括用户标识 U_{id}、认证名称 M、认证版本 V、认证时间 T_{ua} 和重新认证结果 R_{ua}^*；随后，身份认证记录合约更新 NoS、NoF 和 NoAP，同时存储用户身份认证行为。

步骤 30：信誉评估函数周期性地调用身份认证记录合约的用户认证记录上传函数 upload Auth Record，更新用户的身份信誉。

2.5 试验设置

基于本研究提出的差异化身份认证方法，本节部署一个原型系统进行性能评估。在本节中，首先描述基于区块链的差异化认证原型系统的配置，然后介绍在评估中使用的几种比较方法。

2.5.1 原型系统

如图 2-5 所示，在 ESXi 服务器集群中部署了 VMware VSphere 虚拟云平台，并安装 10 台虚拟服务器进行评估。为了减少计算误差，将每个虚拟机设置成同样的配置。具体配置：为每个虚拟服务器配置了 40GB 硬盘、8GB 内存和 Linux Ubuntu 20.04 系统。部署的 10 台服务器分为两部分：其中 9 台服务器作为认证代理对用户进行身份认证，1 台服务器用来模拟海量用户向认证代理发起身份认证请求和用户注册请求。为了在异构网络中对差异化身份认证方法进行评估，将 9 个认证代理划分为 3 个不同的接入域（AD_1、AD_2 和 AD_3），每个接入域包含 3 个认证代理。每个认证代理安装相同版本的区块链客户端，9 个区块链客户端运行相同的共识算法组成原型系统区块链网络。

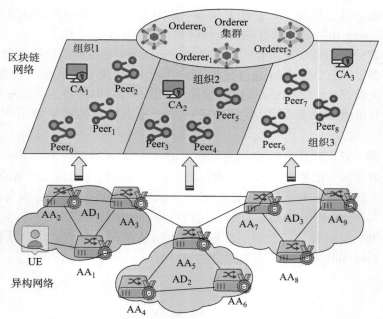

图 2-5 基于区块链的差异化认证原型系统

在原型系统中，使用联盟链区块链来实现用户身份注册和身份认证过程。与公有链和私有链相比，在联盟链中部署差异化身份认证方法具有以下优点[44]。

（1）与公有链相比，联盟链有交易成本低、隐私性高的优点，能够避免认证数据被恶意节点获取。

（2）与私有链相比，联盟链有更好的可扩展性，能够提供对区块链节点的动态授权和管理。

Hyperledger Fabric 是由 Linux 基金会发起的联盟链架构。Hyperledger Fabric[45]作为高度模块化、可扩展的架构，已经广泛成熟地应用在各种场景中。为此，在本章中，使用 Hyperledger Fabric 区块链架构来部署差异化身份认证方法。

Hyperledger Fabric 架构中有 3 种常见的共识算法：Solo、Kafka 和 Raft。与 Solo 共识算法和 Kafka 共识算法相比，Raft 共识算法具有配置简洁、去中心化程度高、能在分布式系统中实现强一致性等优点。因此，在本章中，选择 Raft 共识算法作为 Hyperledger Fabric 架构中的共识算法。

在 Hyperledger Fabric 架构中，区块链组件可以分为客户端节点 Client、对等节点 Peer、排序节点 Orderer 和证书节点 CA。Client 节点负责与区块链交互；Peer 节点负责处理交易，维护账本和智能合约；Orderer 节点用于将 Peer 节点发起的交易进行排序，并将排序后的交易打包形成区块；CA 节点是 Fabric 的认证中心，对区块链节点进行认证和授权。在本研究提出的原型系统中，区块链网络分为 3 个组织（组织 1、组织 2 和组织 3）。在每个组织中，部署了 1 个 CA 节点和 3 个 Peer 节点。组织 1、组织 2 和组织 3 分别映射到接入域 AD_1、AD_2 和 AD_3中。在本章中，使用 Fabric SDK 接口来执行 Client 节点的功能。另外，还在区块链网络中部署了包含 3 个 Orderer 节点（$Orderer_0$、$Orderer_1$ 和 $Orderer_2$）的 Orderer 集群。差异化认证原型系统的配置如表 2 – 12 所示。

表 2 – 12 差异化认证原型系统配置

名称	Fabric 组件	组织域	接入域	认证代理	部署位置
$Orderer_0$	Orderer 节点			/	节点 1
CA_1	CA 节点				
$Peer_0$		Org_1	AD_1	AA_1	
$Peer_1$	Peer 节点			AA_2	节点 2
$Peer_2$				AA_3	节点 3
UE	/	/			节点 10
$Orderer_1$	Orderer 节点			/	节点 4
CA_2	CA 节点				节点 4
$Peer_3$		Org_2	AD_2	AA_4	节点 4
$Peer_4$	Peer 节点			AA_5	节点 5
$Peer_5$				AA_6	节点 6

名称	Fabric 组件	组织域	接入域	认证代理	部署位置
Orderer$_2$	Orderer 节点			/	节点 7
CA$_3$	CA 节点	Org$_3$	AD$_3$		节点 7
Peer$_6$				AA$_7$	节点 7
Peer$_7$	Peer 节点			AA$_8$	节点 8
Peer$_8$				AA$_9$	节点 9

图 2-6 显示了用户、认证代理、区块链组件和区块链网络之间的关系。用户和认证代理被分别部署在两个不同的服务器中（节点 10 和节点 1）。用户与认证代理通过数据报文进行通信，以实现用户身份的注册和认证。在 Peer$_1$ 中，还部署了其他 Fabric 组件，如 Peer$_0$、Prderer$_0$ 和 CA$_1$。Peer 节点运行相同的 Raft 共识算法共同组成原型系统中的区块链网络。认证合约系统（差异化认证管理合约、用户身份认证合约、身份认证记录合约和信誉评估智能合约）以链码的形式被部署在区块链网络中。认证代理通过 Fabric SDK 接口与 Peer 节点组件进行交互，以实现对链码的调用等操作。

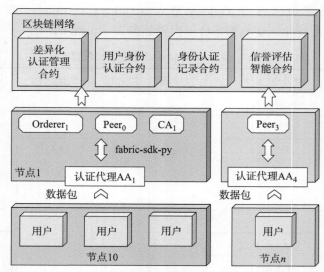

图 2-6 用户、认证代理、区块链组件和区块链网络的关系

2.5.2　身份认证对比方法

2.5.2.1　基于区块链的非差异化认证方法

在介绍其他几种认证方式之前，首先对基于区块链的非差异化认证方法（None – Blockchain based Differentiated Authentication Method，N – BDAM）中的用户注册和身份认证过程进行阐述。N – BDAM 的流程如图 2 – 7 所示。

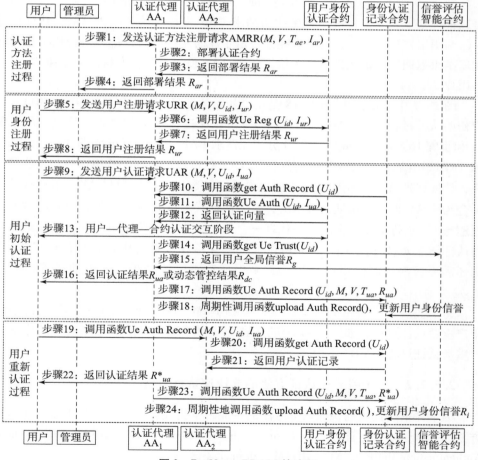

图 2 – 7　Non – BDAM 的流程

如图 2 – 7 所示，Non – BDAM 本质上也是建立在 BDAF 框架之上。在 Non – BDAM 中，参与认证的实体与基于区块链的差异化认证方法 BDAM 一致，都是由用户、管理员、认证代理和区块链网络组成。需要注意的是，Non – BDAM 中的认证代理不提供差异化认证服务。与 BDAM 相比，Non – BDAM 区块链网络中的认证合约系统只包含用户身份认证合约、身份认证记录合约和信誉评估智能合约，并不包含提供差异化的认证服务的差异化认证管理合约。

在 Non – BDAM 的认证方法注册过程中，网络管理员将认证方法注册请求 AMRR 发送给认证代理 AA_1；之后，认证代理 AA_1 在区块链中部署相应的用户身份认证合约。认证方法的注册时间为管理员发起认证方法部署交易到交易完成的时间。

图 2 – 7 中的步骤 5 ~ 步骤 8 是 Non – BDAM 的用户身份注册过程，注册过程可以描述如下：用户将用户身份注册请求 URR 发送给认证代理 AA_1；认证代理 AA_1 调用用户身份认证合约函数在区块链中注册用户身份；用户身份认证合约将注册结果返回给认证代理 AA_1；认证代理 AA_1 通过安全通道将注册结果 R_{ur} 转发给用户。

图 2 – 7 中的步骤 9 ~ 步骤 18 是用户初始认证过程。与图 2 – 4 中的 BDAM 用户初始认证过程相比，Non – BDAM 的身份认证过程缺少 BDAM 认证过程的步骤 15 和步骤 16。用户首先将用户身份认证请求 UAR 发送到认证代理 AA_1，认证代理 AA_1 调用函数来验证用户是否在网络中进行过身份认证。若用户为初次认证用户，认证代理 AA_1 调用区块链中的身份认证函数生成认证向量 AV。用户身份认证合约将 AV 返回给认证代理 AA_1，然后认证代理 AA_1 使用返回的 AV 通过安全通道与 UE 进行交互。在用户—代理—合约认证交互阶段结束后，认证代理 AA_1 将认证结果 R_{ua} 发送给用户，并将认证记录保存在区块链中。若身份认证失败，则还需要根据获取的用户全局信誉来生成动态管控结果，并将动态管控结果 R_{dc} 发送给用户。

为了实现用户身份的快速认证，N – BDAM 同样设置了用户重新认证过程，用户重新认证过程，如图 2 – 7 中的步骤 19 ~ 步骤 24 所示。Non – BDAM 中的用户重新认证过程与 BDAM 相同。

2.5.2.2 基于差异化认证方法的非快速认证方法

为了评估所提出的快速认证方法的性能，本研究设计了一种基于差异化认证方法的非快速认证方法（Non – Rapid Blockchain – based Differentiated Authentication Method，NR – BDAM）进行比较试验。

在用户初始认证阶段，与 BDAM 相比，NR – BDAM 缺少图 2 – 4 中的步骤 14、步骤 20、步骤 21、步骤 23 和步骤 24。另外，由于缺少对用户历史认证行为的存储和查询步骤，在 NR – BDAM 中，用户重新认证过程需要在用户身份认证合约中对用户身份进行重新认证，所需要的步骤与用户初始认证过程相同。

2.5.2.3　基于差异化认证方法的 5G - AKA 身份认证

在 5G 移动网络中，用户身份认证方法以 5G - AKA 和 EAP - AKA′为主[46]。考虑到 5G - AKA 和 EAP - AKA′的认证过程类似，本节以 5G - AKA 为例来展示移动网络用户认证方法在本研究所提出的 BDAF 中的运用。需要说明的是，本节主要介绍 5G 移动网络中的用户身份认证过程，对身份认证中的密钥协商等过程不做相应的描述。

5G - AKA 中的认证实体可分为 4 类：用户 UE、安全锚功能 SAF（Security Anchor Function）、认证服务器功能 ASF（Authentication Server Function）和统一数据管理/认证凭据存储与处理功能 UDM/ARPF（Unified Data Management/Authentication credential Repository and Processing Function）。

（1）用户 UE 是用户终端，存储订阅永久标识符 SPI（Subscription Permanent Identifier）、家庭网络 HN（Home Network）的公钥 Pk、序列号 SQN 和长期共享密钥 k。

（2）安全锚功能 SAF 为服务网络 SN（Service Network）中的认证参与实体，用于向用户终端在身份认证成功后提供服务。

（3）认证服务器功能 ASF 为家乡网络 HN 中的身份验证服务器，负责对 SEAF 权限进行判别以及验证用户终端的认证响应。

（4）UDM/ARPF 为统一数据管理/认证凭据存储和处理功能，负责存储处理用户认证凭据。其中 UDM 存储家乡网络私钥 Sk，为订阅标识符去隐藏功能 SIDF（Subscription Identifier De - concealing Function）提供 SCI（Subscription Concealed Identifier）解析成 SPI 的功能。ARPF 存储共享密钥 k、用户身份 SUPI 和根序列号 SQN，用户生成认证向量。

为了构建适用 BDAF 的 5G - AKA 认证方法，对 5G - AKA 认证方法中的实体进行调整。

（1）使用认证代理 AA_1 替代 SAF，对 5G - AKA 的用户认证消息进行响应和处理。

（2）将 HN 中的 ASF、ARPF、UDM 和 SIDF 等认证功能统一表征为用户身份认证合约 5G - AKA，实现分布式场景下的 5G - AKA 的用户身份认证。BDAF 中的 5G - AKA 认证实体由用户终端 UE、认证代理 AA_1 和智能合约（差异化认证管理合约、用户身份认证合约 5G - AKA、身份认证记录合约和信誉评估智能合约）组成。

在 5G - AKA 智能合约中，存储着生成认证向量的认证数据。认证数据由初始化认证数据（Authentication Initialization Data，AID）和认证过程数据（Authentication Process Data，APD）组成。

（1）AID 为在注册阶段协商好的认证数据，包含与用户终端 UE 共同维护的长期共享密钥 k、根序列号 SQN、已注册的用户身份 SUPI、家乡网络私钥 Sk 等。

（2）APD 是生成认证向量过程中所得到的认证信息，用于对用户身份进行鉴别，APD 包含预期响应 XRES*、认证向量新鲜度 F、随机质询 RAND 等。

基于差异化认证方法的 5G - AKA 身份认证流程如图 2 - 8 所示。为了简化身份认证过程，在身份认证前提出了两点假设：①假设认证代理 AA_1 已在用户身份认证合约 5G - AKA 中完成了认证授权；②假设用户已在用户身份认证合约 5G - AKA 中完成了身份注册。

图 2 - 8 中的步骤 1 ~ 步骤 12 与图 2 - 4 中的用户身份认证流程步骤 13 ~ 步骤 24 一致。与图 2 - 4 不同的是，在图 2 - 8 中增加了身份认证准备阶段、认证合约响应阶段和认证交互阶段 3 个阶段的具体描述。

在身份认证准备阶段，用户使用本地存储的家乡网络公钥 Pk 加密生成临时用户身份 SUCI，enc 为加密函数。生成临时用户身份 SUCI 时，引入随机数 R 来抵御重放攻击。构造用户身份请求报文时，报文中的 U_{id} 部分为生成的临时用户身份 SUCI，I_{ua} 部分为引入的随机数 R。

在认证合约响应阶段，用户身份认证合约 5G - AKA 首先对接收的 U_{id} 用家乡网络私钥 Sk 解密得到用户身份 SUPI 和随机数 R^*，dec 为解密函数；随后，验证认证消息的准确性和用户身份的合法性。认证消息的准确性通过比较解密得到 R^* 与接收的 I_{ua} 是否一致得到；用户身份的合法性通过验证用户身份 SUPI 是否为已注册合法用户得到。在验证消息准确性和身份合法性无误后，认证合约根据存储的初始化认证数据 AID，生成包含 RAND、AUTH、XRES*、HXRES* 的身份认证向量。

在认证交互阶段，用户根据接收到的随机质询 RAND 生成 XAUTH，随后比较生成的 XAUTH 和接收的 AUTH 来验证网络的身份。在网络身份验证完成后，用户生成认证响应 RES*，并向认证代理发送生成的 RES*。认证代理 AA_1 根据接收到的响应 RES* 计算出 HRES*，并与保存在本地的 HXRES* 进行比较。若两者相等，则表示服务网络 SN 对用户身份完成认证；若两者不相等，则用户身份认证失败。认证代理 AA_1 在 HRES* 与 HXRES* 校验完成后，调用 auth Verify 向用户身份认证合约 5G - AKA 转发 RES*，进行认证响应的验证；用户身份认证合约 5G - AKA 首先验证认证向量的新鲜度 F，并比较响应 RES* 与之前的 XRES*。若两者相等，则表示家乡网络 HN 对用户身份完成认证；否则，用户身份认证失败。最后，用户身份认证合约 5G – AKA 向认证代理 AA_1 返回用户身份认证结果 R_{ua}。

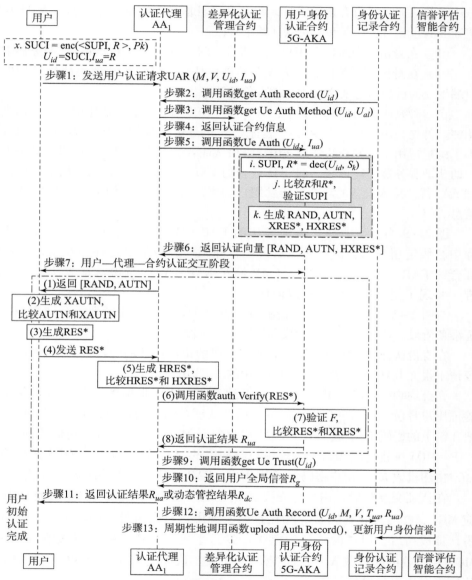

图 2 – 8　基于差异化认证方法的 5G – AKA 身份认证流程

2.5.2.4 基于差异化认证方法的 EAP – MD5 身份认证

在无线局域网中，EAP – MD5 为常见的身份认证方法。EAP – MD5 身份认证方法中的认证实体由客户端、接入设备和认证服务器组成[47]。EAP – MD5 身份认证方法包含身份注册和身份认证两个阶段。

（1）在身份注册阶段，用户需要将自己的身份和密码注册在认证服务器中。

（2）在身份认证阶段，接入设备验证由认证服务器生成的挑战信息和由客户端生成的挑战信息实现对客户端身份的认证。

在本研究所提出的 BDAF 中，对 EAP – MD5 身份认证方法中的认证实体进行调整。首先，用"用户"来统一表征差异化身份认证框架中的客户端；其次，为了构建适用于 BDAF 的分布式用户身份认证方法，将 EAP – MD5 身份认证方法中的认证服务器功能以用户身份认证合约 EAP – MD5 进行表示；最后，认证代理 AA_1 行使接入设备的功能，转发用户和用户身份认证合约 EAP – MD5 的认证信息。

图 2 – 9 为基于差异化认证方法的 EAP – MD5 身份认证流程。在认证过程中，假定用户都完成身份注册过程，即用户身份信息均存储在用户身份认证合约 EAP – MD5 中。另外，EMB 还对 EAP – MD5 身份认证方法进行了改进，实现了用户和网络间的双向认证。

与图 2 – 8 相似，图 2 – 9 在图 2 – 4 基础上增加了 3 个阶段，分别为身份认证准备阶段、认证合约响应阶段和认证交互阶段。

在身份认证准备阶段，用户需要将生成的用户认证的随机数 R_1 写入用户认证请求报文 UAR 中。请求报文 UAR 中的 U_{id} 为用户名。

在合约响应阶段，用户身份认证合约 EAP – MD5 根据接收的 U_{id} 在区块链中验证用户身份。在用户身份验证成功后，认证合约根据收到的 I_{ua} 内容与用户注册在链上的密码 U_p 生成 EAP – MD5 挑战响应 MC_1。另外，引入随机质询 R_2 和 EAP – MD5 挑战响应 MC_2，实现用户与网络的双向认证。EAP – MD5 挑战响应 MC_2 由随机数 R_2 和用户密码 U_p 共同生成。EAP – MD5 为挑战响应生成函数。

在认证交互阶段，用户首先根据 R_1 和用户密码 u_p 生成 EAP – MD5 挑战响应 MC_1^*，并与接收到的 MC_1 相比较以实现用户对网络身份的验证。在网络身份认证成功后，用户向认证代理 AA_1 发送生成的 EAP – MD5 挑战响应 MC_2^*。MC_2^* 由接收的随机数 R_2 和用户密码 u_p 生成。认证代理 AA_1 与 MC_2^* 和 MC_2 相比较来对用户身份进行认证。

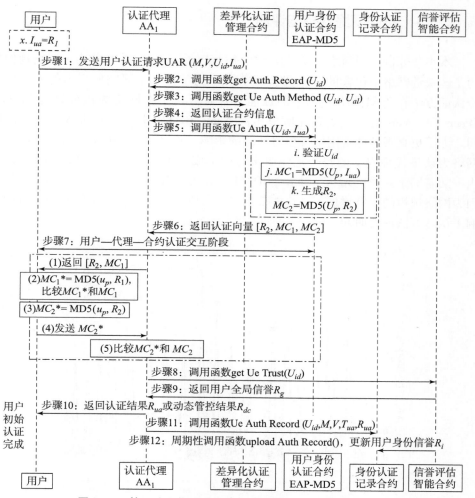

图 2 - 9 基于差异化认证方法的 EAP - MD5 身份认证流程

2.6 性能评估

在本节中，首先，分析所提出的差异化身份认证方法在不同区块链网络配置（网络规模和块大小）的性能。其次，将提出的两种认证方法（5AB 和 EMB）在用户注册和身份认证过程中与 Non - BDAM 框架中的方法进行了比较。最后，验证所提出的 BDAM 的可扩展性和差异认证服务能力。

2.6.1　不同网络规模的评估

　　本小节分析不同网络规模对认证方法性能的影响。在本小节中，网络规模指的是区块链网络中包含的 Peer 节点的数量。为了评估本研究所提出的差异化身份认证方法在不同网络规模下的性能，首先分析了在网络规模分别为 3Peers、6Peers 和 9Peers 时，在本研究所提出的 Non - BDAM 中注册身份认证方法的时间。为了更直观地体现网络规模对性能的影响，将区块大小设置为 1，即区块链网络为认证代理提交的每一笔注册交易均生成一个新区块。从图 2 - 10 可以看出，随着网络规模的增大，Non - BDAM 认证方法注册所花费的时间随之增加，因为网络规模的提升增加了区块链节点之间形成共识生成新区块的时间，进而影响了认证方法注册时间。

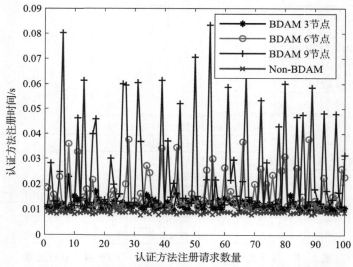

图 2 - 10　不同网络规模用户认证方法注册时间及请求数量

　　另外，还对 Non - BDAM 中认证方法的注册时间进行了比较分析。从图 2 - 10 可以看出，Non - BDAM 认证方法的注册时间略低于 BDAM。这是因为在 BDAM 中，认证方式的注册需要调用差异化认证管理合约对认证方法信息进行存储和统一管理，区块链节点之间建立共识需要一定的时间。相比之下，在 Non - BDAM 中，认证方法只需要安装在单个 Peer 节点中，无须经过 Peer 节点间的共识阶段，因此所花费的时间更少。评估分析表明，本研究所设计的 Non - BDAM 能够以较低的额外时间（毫秒级）实现对身份认证方法的统一管理。

2.6.2　不同区块大小的评估

本小节分析不同区块大小对差异化身份认证方法的影响。在本小节中，区块大小指一个区块中包含交易的数量。由于用户注册和认证会产生大量交易，区块大小对区块链性能有较大影响。图 2 – 11 展示了在区块大小为 1、10、50 和 100 的情况下 Non – BDAM 注册认证方法所需花费的时间。从图 2 – 11 中可以看出，区块大小越大，认证方法的注册时间波动越小。这是因为区块大小影响着区块链节点间形成共识生成新区块的速度。区块大小越小，节点生成新区块的速度越快，认证方法的注册平均耗费时间越长。

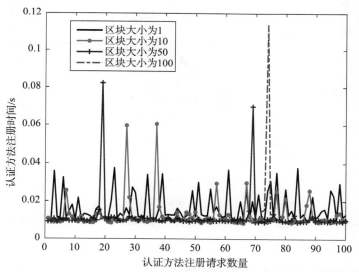

图 2 – 11　不同区块大小的情况下 Non – BDAM 注册认证方法的注册时间及请求数量

图 2 – 12 展示了在单个 Peer 节点中，用户认证请求发送速率、身份认证方法和区块大小对 Non – BDAM 性能的影响。从图 2 – 12 可以看出，随着用户认证请求发送速率的增加，单位时间内完成身份认证的用户数量也随之增加。当用户认证请求发送速率到达一定数量后，完成认证的用户数量趋于稳定。此时，单个 Peer 节点在单位时间内可认证响应的用户数量趋于饱和。另外，对本研究提出的两种身份认证方法（EMB 和 5AB）的性能进行了评估。从图 2 – 12 可以看出，EMB 认证方法的单位时间内完成身份认证的用户数量高于 5AB。完成认证用户数量的差异取决于 5AB 认证方法和 EMB 认证方法的复杂性和安全性，这一结论可以从图 2 – 7 和图 2 – 8 中通过分析认证交互流程得出。

另外，在图 2 - 12 中，能得到与图 2 - 11 一致的结论，即随着区块大小的增加，单位时间完成身份认证的数量会随之增加。区块大小的增加能提升单位时间用户认证数量，但是区块大小对用户认证数量的影响并不是线性的，区块大小为50 和100 时，所能响应的用户认证数量已相差无几。这是因为区块大小越大，意味着区块承载的信息越多，区块链节点同步大的区块所耗费的时间也会增加。综合考虑网络规模和区块大小对区块链性能造成的影响，在后续的试验中，将区块链规模设置为 6 个 Peer 节点，区块大小设置为 50。

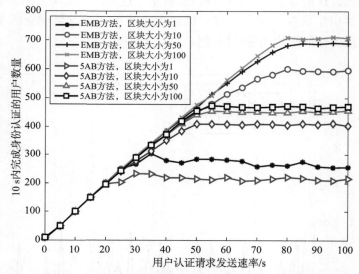

图 2 - 12　不同用户认证请求发送速率下完成身份认证用户数量及发送速率

2.6.3　注册和认证过程的评估

随后，评估了基于 BDAM 和 Non - BDAM 的用户身份注册时间和身份认证的时间。图 2 - 13 展示了基于 Non - BDAM 的 EAP - MD5 认证方法（EMNB）和基于 BDAM 的 EAP - MD5 认证方法（EMB）的身份注册时间和身份认证时间。图 2 - 14 展示了基于 Non - BDAM 的 5G - AKA 认证方法 5ANB）和基于 BDAM 的 5G - AKA 认证方法（5AB）的身份注册时间和身份认证时间。

从图 2 - 13 和 2 - 14 可以直观看出，Non - BDAM 中的身份注册时间和身份认证时间略低于 BDAM。EMNB 的平均身份注册时间和身份认证时间比 EMB 少 2.924ms 和 3.173ms，5ANB 的平均身份注册时间和身份认证时间比 5AB 少 3.189ms 和 4.31ms。由图 2 - 13 和图 2 - 14 分析可得，在用户身份注册/认证过程中，Non‑BDAM 比 BDAM 花费时间更少。考虑到采用 BDAM 不仅能够实现认证方法的统一管理，还能够根据用户的不同认证需求提供差异化身份认证服务，因此，相对 Non‑BDAM 额外花费少量的时间是值得的。

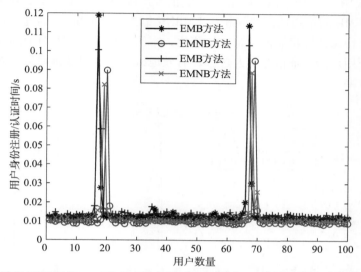

图 2‑13　基于 BDAM/Non‑BDAM 的 EAP‑MD5 方法的用户注册/认证时间及用户数量

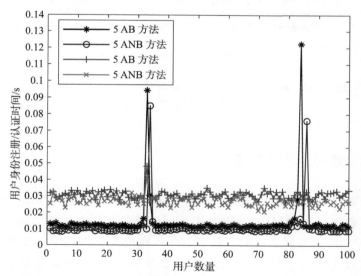

图 2‑14　基于 BDAM/Non‑BDAM 的 5G‑AKA 方法的用户注册/认证时间及用户数量

另外，还评估了 BDAM 中快速认证机制的性能。图 2‑15 展示了基于 BDAM

和 NR – BDAM 的不同认证方法（5G – AKA 和 EAP – MD5）的用户身份认证时间。用 5AB 和 EMB 来分别表示基于 BDAM 的 5G – AKA 和 EAP – MD5 认证方法，用 5ABNR 和 EMBNR 来分别表示基于 NR – BDAM 的 5G – AKA 和 EAP – MD5 认证方法。从图 2 – 15 可以看出，5AB 的平均认证时间相比 5ABNR 缩短了11.16ms，EMB 的平均认证时间相比 EMBNR 缩短了 8.09ms。因此，可以得出结论，与没有快速认证机制的认证方法相比，本研究提出的 BDAM 认证方法通过减少重新认证用户的认证信令交互过程，有效地减少了用户认证时间，提升了系统认证响应效率。

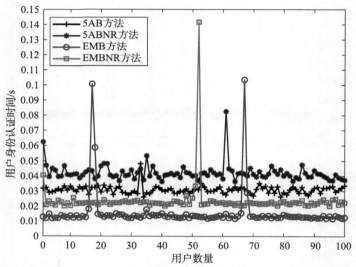

图 2 – 15 基于 BDAM/NR – BDAM 的 5G – AKA/EAP – MD5
方法的认证时间及用户数量

2.6.4 差异化和可扩展性评估

最后，对本研究所提出的差异化身份认证方法的可扩展性和差异化认证能力进行验证。在 Non – BDAM 中，部署了不同的身份认证方法在不同的接入域中。在接入域 AD_1 中，部署了 EMNB 认证方法；在接入域 AD_2 中，部署了 5ANB 认证方法；在接入域 AD_3 中，同时部署了 EMNB 和 5ANB 两种认证方法。作为对比分析试验，在 BDAM 认证方法中，由于 3 个域中的认证代理之间认证方法信息是同步共享的，因此同时部署 5AB 认证方法和 EMB 认证方法。

另外，对发出的连续的模拟用户认证请求进行如下设计。在 0 ~ 280s 的时间的不同时间段内，模拟需要不同认证服务的用户向认证代理发送不同的认证请求，以此来验证所设计方法的可扩展性和差异化认证能力。在 0 ~ 40s 和 120 ~ 160s 时间段内，模拟需要 5G - AKA 认证服务的用户发送认证请求；在 40 ~ 80s 和 160 ~ 200s 时间段内，模拟需要 EAP - MD5 V1 身份认证的用户发送认证请求；在 80 ~ 120s 和 200 ~ 240s 时间段内，模拟需要 EAP - MD5 V2 身份认证的用户发送认证请求；在 240s ~ 280s 时间段内，用户随机发送上述 3 种认证请求。EAP - MD5 V1 认证方法和 EAP - MD5 V2 认证方法是基于 EAP - MD5 认证方法的两种认证方法。在认证合约系统中，它们被分别表示成 EMB V1.0 合约和 EMB V2.0 合约。这两种认证方法除了认证合同的版本号和认证合约功能名称不同外，身份认证过程是一致的。

从图 2 - 16 可以看出，在 Non - BDAM 中，每个接入域的认证代理仅能对已部署认证方法的用户认证请求进行响应。若认证方法未在该域被部署，则接入域的认证代理不能提供该认证服务。如接入域 AD_1 仅能提供 EMNB V_1 认证方法的用户身份认证服务，无法提供 5ANB 认证服务和 EMNB V_2 认证服务。在 BDAM 中，由于各个接入域的认证方法是同步共享的，因此只要有一种认证方法进行了部署，那么其他接入域也能够提供对应的认证服务。BDAM 通过共享不同异构接入域中部署的认证方法，克服了网络异构性，能够为用户提供差异化的认证服务。

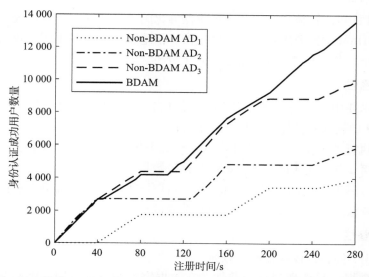

图 2 - 16　基于 BDAM/Non - BDAM 的身份认证成功用户的数量及注册时间

为了更进一步体现 BDAM 的可扩展能力。在 110s，在其他接入域中安装部署 EMB V_2 认证方法。从图 2-16 可以看出，在 80~110s 时间段内，认证节点尚且不能提供 EMB V_2 身份认证服务；在 110~120s 和 200~240s 时间段内，经过认证方法的安装部署和同步，认证节点已经能够对 EMB V_2 认证请求的响应。而相比 Non-BDAM，即使在其他接入域中安装部署了 EMNB V_2 认证方法，当时由于缺乏认证方法的更新与同步，Non-BDAM 始终无法对 EMNB V_2 认证请求进行响应。从上述评估结果可以看出，本研究所设计的 BDAM 能够灵活地部署身份认证方法，实现认证方法的统一管理，具有较高的可扩展性。

2.7 安全性分析

在本节中，首先分析本研究所提出的 BDAM 的安全需求。BDAM 中的安全需求主要包括可靠性、可用性、保密性、完整性、不可否认性和可扩展性；之后，对 BDAM 能抵御的几种常见攻击进行安全性分析。

1. 可靠性

本研究所提出的 BDAM 部署在分布式区块链中，能够有效地避免单点故障问题，提升了认证系统的可靠性。

2. 可用性

BDAM 的可用性体现在给用户提供差异化的身份认证服务，以提升网络的安全能力。BDAM 中需要重点抵御重放攻击、拒绝服务攻击和中间人攻击。在本章的后半部分，将对上述 3 种攻击进行安全分析。

3. 保密性

在 BDAM 中，防止存储的用户的身份信息泄露是提高系统保密性的重要方法。BDAM 中的保密性体现在以下两个方面：

（1）执行差异化认证的认证代理是经过系统授权的可信认证实体，可以有效防止恶意节点冒充认证代理获取用户认证数据。

（2）在链上存储用户身份信息时，认证代理节点会隐藏用户身份，以防止链上信息被恶意节点获取导致认证数据泄露的风险。

4. 完整性

BDAM 的完整性体现在两个方面：

（1）数据完整性和消息完整性。在数据完整性方面，BDAM 部署在区块链上，未经授权的设备无法加入区块链网络获取用户的认证数据。

（2）在消息完整性方面，所发起的注册和认证交易均使用了认证代理的签名信息，只有签名验证正确的交易才能在区块链上进行发布。

5. 不可否认性

BDAM 中的认证方法部署、认证信息更新等操作均以交易的形式存储在区块链中，交易一旦被区块链节点发布就不可篡改，具有不可否认性。

6. 可扩展性

BDAM 具有高可扩展性。

（1）本研究所设计的 BDAM 能够适用于不同的异构网络，可以针对不同的接入域动态部署认证方式。

（2）身份认证方式以智能合约的形式部署在区块链中，认证系统可以根据网络的需求动态调整和部署认证方式，具有很强的可扩展性。

7. 抵御消息重放攻击

BDAM 的通信过程分为两部分："认证代理—区块链网络"和"用户—认证代理"。认证代理和区块链网络之间的通信交互通过智能合约的接口进行，用户注册和身份认证过程在区块链中进行，不存在消息重放攻击；在用户与认证代理交互过程中，BDAM 引入的随机数和时间戳能有效抵御消息重放攻击。

8. 抵御拒绝服务攻击

本研究所提出的 BDAM 是基于去中心化的区块链构建的。一方面分布式架构比集中式架构更加灵活和冗余，可以有效避免拒绝服务攻击（Denial of Service，DoS）导致无法为用户提供差异化认证服务的情况。另一方面，加入区块链网络的区块链节点是经过网络管理员评估授权的，未经授权的节点无法向区块链网络发送大量交易请求以使得区块链超负荷运行，这也是有效抵御拒绝服务攻击的手段之一。另外，将用户的身份认证记录保存在身份认证记录合约中，这样短时间内发起多次身份认证请求的同一个用户的服务请求将被拒绝，这也在一定程度上抵御了拒绝服务攻击。

9. 抵御中间人攻击

BDAM 是在用户和认证代理完成密钥协商成功后进行的。密钥协商完成后，用户与认证代理之间的交互消息将使用协商好的密钥进行加密，因此本章不讨论中间人攻击造成的信息泄露问题。另外，在差异化认证过程中，用户与认证代理之间的交互消息均由各自的私钥进行签名，如果有恶意中间人篡改交互消息，接收方则无法对签名后的消息进行验证，这也能有效防止因抵御中间人攻击（Man In The Middle，MITM）引起的认证信息篡改。

2.8　小　　结

　　本章从可信身份认证的角度，研究基于区块链的差异化身份认证方法，为异构网络提供差异化身份认证能力。本研究提出了一种基于区块链的差异化身份认证方法，将异构网络身份认证方法以智能合约形式部署在区块链中，实现身份认证方法的统一管理。另外，差异化身份认证方法通过解析用户认证请求，能够针对不同的用户需求动态地提供差异化的认证服务。在原型系统中对所提出的基于区块链的差异化身份认证方法进行部署和性能评估。试验结果表明，本研究所提出的差异化认证方法能够以较低（毫秒级）的额外时间实现认证方法的灵活、动态部署。

第**3**章
可信高效访问控制方法

传统的网络安全依赖网络边界建立信任基础，基于"一次验证，永远信任"原则，存在信任被滥用、内部攻击难以防御等问题。随着网络规模的不断扩大，网络安全边界难以界定，构建具有内生驱动能力的零信任安全架构成为新的发展趋势。本研究从可信访问控制角度，介绍基于区块链可信协议架构的零信任网络高效访问控制方法。本研究所设计的零信任网络基于属性的访问控制方法能够对用户发起的访问控制请求进行持续、高效的访问控制响应，实现用户访问行为的动态管控。

3.1 引   言

随着 5G/6G 技术的发展，通信网络规模由连接百亿人向联通千亿物进行快速演变。华为公司在《通信网络 2030》白皮书中预测，到 2030 年，世界网络连接数会到达 2 000 亿[48,49]。网络中海量用户和设备的接入给网络安全带来新的安全挑战。一方面，网络规模的扩大使得原有的网络安全边界难以被定义，基于网络边界构建的安全信任机制将失去应有的安全防御能力；另一方面，传统的网络安全架构基于"一次验证，永远信任"原则，网络默认赋予内部用户和授权用户"可信"属性[50]，存在信任被滥用、内部安全攻击难检测等问题[51]。零信任网络摒弃以网络安全边界构建信任的思想[52]，基于"从不信任，一直验证"原则，逐渐成为新型体系架构的发展趋势[53,54]。

访问控制方法作为零信任网络中的关键技术，对用户访问行为进行验证授权，能够有效防止网络资源被恶意访问，提升网络的安全能力。然而，现有零信任网络访问控制方法大都采用集中式方法部署，容易出现单点故障问题，大大降低了网络的安全能力。另外，基于集中式的部署的访问控制方法容易产生性能瓶颈，难以对海量用户访问控制请求进行快速响应。因此，急需找到一种适用于分布式场景，能够对用户访问行为进行持续管控的新型零信任访问控制方法。

近年来，区块链凭借去中心化、匿名性和防篡改等特点，被广泛应用在各个领域[55,56]。将访问控制模型与区块链技术进行结合已成为零信任网络中新的研究方向。首先，基于区块链的访问控制方法能够部署在分布式场景中，可以有效避免单点故障的出现，提升访问控制的鲁棒性[57]。其次，基于区块链的访问控制方法能够很好地部署在海量连接的网络中，提升用户访问请求响应效率[58]。因此，越来越多的学者倾向于构建基于区块链的访问控制方法，解决可信访问控制问题。

然而，基于区块链构建访问控制方法仍然存在着一些问题：一方面，现有的基于区块链的访问控制方法存在用户行为持续验证能力差、动态闭环安全评估缺失等问题，难以满足零信任安全架构中访问控制安全需求；另一方面，目前围绕零信任安全架构开展的基于区块链的访问控制方法研究大都存在访问控制流程复杂、动态管控能力弱等问题。因此，迫切需要设计一种能连续验证用户访问行为，具有动态安全评估能力、高效的零信任网络访问控制方法。

基于分布式区块链技术，本研究提出一种应用在零信任网络中的区块链赋能的基于属性的访问控制方法。本研究所提出的访问控制方法利用智能代理和智能合约行使零信任架构中的访问控制功能，实现对用户行为的连续验证。另外，该访问控制方法为不同状态的访问用户设计、优化了访问控制过程，可实现快速访问授权响应。具体来说，针对不同状态的访问控制用户，设计包含 3 个访问控制过程（全访问、半访问和轻访问）的基于属性的访问控制方法，提升访问授权的过程的准确性和决策效率。

3.2　可信访问控制方法研究

基于"从不信任，一直验证"思想，零信任安全架构能够解决海量用户接入造成的网络安全边界难定义、授权用户信任被滥用、内部攻击难检测等问题，成为网络新的发展方向。如何在零信任网络中设计一种高效、动态的访问控制方法，实现对用户访问请求的快速决策与响应，成为可信访问控制的研究重点之一。

3.2.1　零信任网络访问控制方法

零信任网络架构自从提出就受到广泛关注，研究学者们围绕零信任网络访问控制方法开展了许多研究。García – Teodoro 等[59]提出了一种基于安全属性的动态访问控制方法，旨在提升企业网络与服务提供商的安全服务能力。García – Teodoro 等提出的访问控制方法具有安全性、动态适应性和可扩展性，能够在动态环境下进行访问控制决策。

为了加强承载关键数据和服务的智能医疗系统的安全能力，Chen – Teodoro 等[60]提出一种可信赖的动态访问控制模型。Chen – Teodoro 等提出的模型能够满足智能医疗系统中端到端的安全防护需求，并能够实现实时网络安全态势感知、持续身份认证和细粒度访问控制。

在工业物联网场景中，Federici 等[61]设计一个能实现细粒度访问控制的多级授权体系结构。Federici 等所设计的多级授权体系结构具有更好的可扩展性和可维护性，能够实现复杂工业物联网基础设施网络和边缘域的动态安全保护。

在软件定义网络场景中，Mandal 等[62]提出一种基于零信任网络的访问控制策略以抵御 MAC 欺骗攻击。Mandal 等通过重新定义传统的访问控制策略，增强了软件定义网络的安全性。

上述零信任网络的访问控制方法大都采用集中部署方法，容易出现单点故障问题。另外，随着用户数量和设备的增加，集中式部署的访问控制方法容易出现性能瓶颈问题，无法实现高效的访问控制响应。因此需要找到一种能应用于分布式零信任网络中的高效访问控制方法。

3.2.2　基于区块链的访问控制方法

随着区块链技术的兴起，在分布式零信任网络中，构建基于区块链的访问控制方法成为研究的热门。基于访问控制列表（Access Control List，ACL）的访问控制方法能够为不同用户制订不同的访问控制策略，有利于实现细粒度的访问控制[63]。

在物联网中，Zhang 等[64]提出一个基于智能合约的访问控制方法。Zhang 等提出的方法设计了 3 种智能合约（访问控制合约、决策合约和注册合约）来实现分布式物联网场景中的访问控制。

在智慧医疗系统中，Saini 等[65]设计了一个以患者为中心、基于智能合约的动态电子病历访问控制系统。该系统能够部署在资源受限的智能医疗设备中，实现授权用户、医院和医生安全检索患者电子病历。

在线社交网络中，Rahman 等[66]提出了一种基于访问控制列表的可审计、可信任的分布式在线社交网络访问控制框架。Rahman 提出的框架集成了访问控制合约、检验合约、信誉合约和注册合约 4 种智能合约，实现对主体行为的动态验证。基于 ACL 的访问控制方法实现用户与资源之间的动态访问授权，但是由于一条访问策略往往只与一个用户—资源对应。另外，基于 ACL 的访问控制方法存在策略匹配效率慢、策略存储开销大等问题，难以应用在海量连接的网络中。

3.2.3　基于角色的访问控制方法

基于角色的访问控制（Role Based Access Control，RBAC）方法将角色与权限进行关联，有效避免了基于 ACL 的访问控制方法中策略管理复杂的问题。通过将用户按角色进行分类，基于角色的访问控制简化了用户与权限的管理，能够高效地对用户的访问请求做出响应[67]。Cruz 等[68]提出一个基于智能合约的 RBAC 方法来实现跨组织的角色授权。Cruz 等设计的 RBAC 机制通过部署在区块链中的智能合约发布用户角色分配等相关信息，使用挑战—响应验证协议来验证用户对角色的所有权。为了更好地对组织中的用户—角色权限进行管理，Kamboj 等[69]提出一个基于智能合约的 RBAC 模型。Kamboj 等提出的模型使用智能合约对用户角色及角色权限进行发布、撤销和修改，实现去中心化场景中用户角色和角色权限的安全高效管理。在物联网场景中，Hao 等[70]提出了一个基于 RBAC 的轻量级跨域访问控制模型，实现物联网设备的智能自主访问控制。另外，Hao 等还设计了一种抗妥协共识算法，以实现不同域之间数据的安全共享。

上述基于角色的访问控制方法虽然在一定程度上实现大量用户的访问控制，但是仍然存在一些问题。首先，基于角色的访问控制方法需要维护大量的角色和授权关系，难以应用在海量用户的访问控制中。其次，基于角色的访问控制方法难以实现资源细粒度的授权，可扩展性差。

3.2.4　基于属性的访问控制方法

基于属性的访问控制（Attribute Based Access Control，ABAC）方法通过构建属性与权限之间的映射关系，能够实现海量用户场景中细粒度、灵活的访问控制。另外，基于属性的访问控制方法具有可扩展性强、策略管理简单等特点，因此被广泛地应用在不同的场景中[71]。Zhang 等[72]将区块链智能合约技术与基于属性的访问控制模型相结合，提出一种面向智慧城市的分布式、可靠的动态细粒度访问控制框架。该框架由一个用于管理 ABAC 策略的策略管理合约、一个用于管理访问资源实体的属性管理合约、一个用于管理被访问资源的属性管理合约和一个用于执行访问控制的访问控制合约组成。Han 等[73]设计了一个可审计的访问控制系统，通过部署访问控制智能合约、数据访问控制合约、私有数据访问控制合约和访问日志记录合约 4 个智能合约，实现物联网中数据的隐私管理，提供物联网数据细粒度访问控制。

针对异构化、轻量化的物联网，Wang 等[74]提出了一种动态的、轻量级的基于属性的访问控制框架。Wang 等提出的框架通过评估与请求相关的属性、操作和环境来实现动态、安全和细粒度的访问授权。

上述基于属性的访问控制方法在不同的场景中能够实现细粒度的访问控制，但是由于缺乏对用户行为的持续性验证，因此难以直接应用在零信任网络中。另外，上述基于属性的访问控制方法没有对不同阶段的被授权用户进行区分，存在访问过程复杂、访问效率低等问题。

表 3 - 1 为上述访问控制方法的定性比较。针对零信任网络中网络资源可信访问控制问题，本研究提出区块链赋能的基于属性的访问控制方法，通过优化了用户访问控制流程，实现了对用户访问行为连续、动态、高效的访问控制响应。

表 3 - 1 可信访问控制相关工作的比较

相关研究	应用场景	部署方式	方法	决策速度	存储开销	细粒度授权
García Teodoro 等[59]	企业网络	集中式	基于属性的访问控制	快	低	是
Chen 等[60]	智慧医疗	集中式	基于属性的访问控制	快	低	是
Federici 等[61]	工业物联网	集中式	基于 ACL 的访问控制	慢	高	否
Mandal 等[62]	软件定义网络	集中式	基于 ACL 的访问控制	慢	高	否
Zhang 等[64]	物联网	分布式	基于 ACL 的访问控制	慢	高	否
Saini 等[65]	智慧医疗	分布式	基于 ACL 的访问控制	慢	高	否
Rahman 等[66]	在线社交网络	分布式	基于 ACL 的访问控制	慢	高	否
Cruz 等[68]、Kamboj 等[69]	企业网络	分布式	基于角色的访问控制	中	中	否
Hao 等[70]	物联网	分布式	基于角色的访问控制	中	中	否
Zhang 等[72]	智慧城市	分布式	基于属性的访问控制	快	低	是
Han 等[73]、Wang 等[74]	物联网	分布式	基于属性的访问控制	快	低	是

3.3　零信任访问控制模型

在本节中，首先详细介绍零信任网络中基于属性的访问控制模型和模型形式化描述，随后介绍任零售任网络中的恶意攻击模型。

3.2.1　访问控制模型

在零信任网络中，认证和授权是验证用户身份和访问权限是否可信的两个关键技术。先前的工作[75]提出一个差异化身份认证方案，实现对用户身份认证过程的可信管控。本研究聚焦零信任网络中另一个关键技术，从访问控制的角度对用户访问行为进行可信管控，确保接入用户身份和权限的可信。

基于美国国家标准与技术研究院（National Institute of Standards and Technology，NIST）所提出的零信任网络结构[76]和利用可扩展的访问控制标记语言（eXtensible Access Control Markup Language，XACML）表征的 ABAC 框架[77]，本研究设计了零信任网络基于属性的访问控制模型（图 3 - 1）。本研究所设计的访问控制模型旨在允许不可信网络区域的对象（用户）通过连续、动态的基于属性的访问控制过程获得网络资源的访问授权，进而实现对可信区域网络资源（资源）的访问。

3.2.1.1　模型定义

如图 3 -1 的下半部分所示，根据通信内容和通信方式，零信任网络访问控制模型被分成数据平面和控制平面。数据平面转发用户与资源访问过程中传递的通信数据包以及执行具体的访问控制策略，控制平面进行存储、管理访问控制策略和生成访问策略决策等操作。接下来，对该访问控制模型中各个关键组件进行介绍。

1. 用户

在访问控制模型中，使用用户来表征访问控制请求的发起方。在零信任访问控制过程中，用户既可以是一个或多个独立的个体，也可以是一种或多种网络设备。

2. 资源

在零信任网络中，所有的数据资源、计算服务等都可以被表征为资源（Resource）。在访问控制模型中，使用资源对访问控制的目标对象进行统一的表征。

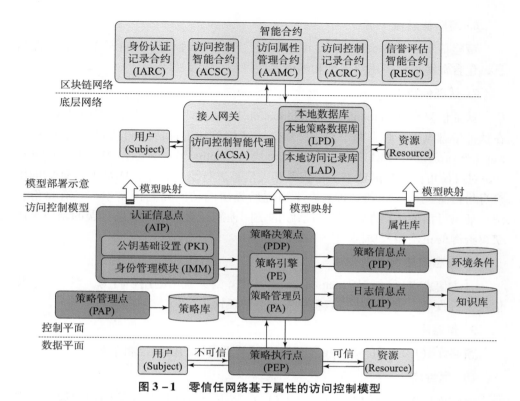

图 3 - 1　零信任网络基于属性的访问控制模型

3. 策略执行点

策略执行点（Policy Enforcement Point，PEP）在访问控制过程中主要行使以下两个功能：

（1）转发用户生成的访问请求，用于策略决策点生成访问控制结果。

（2）接收策略决策点生成的访问控制结果，并执行相应的访问控制策略。

4. 策略决策点

策略决策点（Policy Decision Point，PDP）能够根据获取的信息节点（认证信息、策略信息、威胁情报信息和日志信息）内容和访问策略对访问请求进行决策，生成访问控制结果。在策略决策点中，有两个关键组件：策略引擎（Policy Engine，PE）和策略管理员（Policy Administrator，PA）。PE 根据访问策略以及获取的信息节点内容生成访问控制决策。PA 根据 PE 生成的访问控制决策决定允许或拒绝访问。

5. 策略管理点

策略管理点（Policy Administration Point，PAP）管理和配置访问控制策略。

6. 策略信息点

策略信息点（Policy Information Point，PIP）管理访问控制所需要的属性信息，包含资源属性、用户属性和环境属性等。

7. 认证信息点

认证信息点（Authentication Information Point，AIP）管理用户身份认证信息。在认证信息点中，包含两个与用户身份认证相关的组件：公钥基础设施（Public Key Infrastructure，PKI）和身份管理模块（Identity Management Module，IMM）。PKI 对身份可信用户的证书、密钥等相关信息进行统一管理，IMM 对认证后的用户身份信息进行存储和管理。在本研究所提出的访问控制模型中，只有身份合法、证书可信的用户才能够进行后续的访问控制过程，认证信息有误的用户无法获得资源的正确授权访问。

8. 日志信息点

日志信息点（Log Information Point，LIP）对系统中的用户行为、系统日志等信息进行收集，为策略决策点提供安全态势反馈。

9. 策略库

策略库（Policy Repository，PR）存储基于属性的访问控制策略。

10. 属性库

属性库（Attribute Repository，AR）存储用于访问控制决策的用户属性、资源属性等属性信息。

11. 环境条件

环境条件（Environment Conditions，EC）是独立于用户和资源的可检测的环境特征，包括访问时间、用户位置等。在本章中，用于进行访问决策的环境条件由访问控制智能代理提供。

12. 知识库

知识库（Knowledge Base，KB）是存储用户行为的模块。日志信息节点会定期将收集到的用户行为等信息记录、存储在知识库中。同时，知识库也会根据其内部的推理模块对网络安全态势进行推理感知，生成用于指导 PDP 进行访问授权决策的安全态势反馈。

另外，基于 NIST 提出的零信任架构，本研究提出的访问控制模型中还应该有持续诊断和缓解系统（Continuous Diagnostics and Mitigation System，CDMS）、行业合规性系统（Industry Compliance System，ICS）、威胁情报（Threat Intelligence，TI）以及安全信息和事件管理（Security Information and Event

Management，SIEM）系统等外部组件。本章重点关注如何基于区块链实现基于属性的访问控制过程，因此上述外部组件未在图 3 - 1 中和文中给出相应的展示和说明。

3.2.1.2　模型映射

图 3 - 1 的上半部分展示的是 NIST 所提出的访问控制模型在区块链网络和底层通信网络之间的模型映射关系。相比公有链和私有链，联盟链有更高的处理效率和较强的可监管能力，能够满足访问控制所需的快速响应速率和可靠安全的需求，因此，选用联盟链构建零信任访问控制模型。

如图 3 - 1 所示，访问控制模型中的各个组件依据功能分别映射为智能代理单元和智能合约单元。智能代理单元包含访问控制智能代理（Access Control Smart Agent，ACSA）。智能合约单元包含身份认证记录合约（IARC）、访问控制记录合约（Access Control Record Contract，ACRC）、访问属性管理合约（Access Attribute Management Contract，AAMC）、访问控制智能合约（Access Control Smart Contract，ACSC）和信誉评估合约（RESC）5 个智能合约。

智能代理单元部署在网络入口的接入网关处，对用户访问行为进行实时监控与决策，实现恶意访问行为的及时阻断，提升访问控制效率和网络安全能力。在 NIST 提出的基于区块链的访问控制方法中，ACSA 在访问控制过程中行使 PEP 的功能，转发用户访问请求和执行访问授权决策。部署在接入网关处的 ACSA 提供了两个外部接口：访问控制接口和数据更新接口。访问控制接口给访问用户和区块链智能合约提供访问过程信令交互通道；数据更新接口用于本地数据库与区块链存储数据之间的周期性数据更新。

为了简化访问控制过程信令交互流程，提升访问控制效率，在接入网关处分别部署本地策略数据库（Local Policy Database，LPD）和本地访问记录库（Local Access Database，LAD）。LPD 存储粗粒度访问控制策略，用于 ACSA 进行快速访问控制。LAD 对用户访问控制结果进行记录，并周期性地将用户访问控制结果上传至区块链智能合约，实现用户访问记录全局共享。

在基于区块链的访问控制方法中，访问控制模型中的部分组件以智能合约的形式部署在区块链中，实现用户访问控制功能。具体功能为：

（1）使用 IARC 来行使 AIP 和 LIP 的功能。

（2）ACRC 行使部分 LIP 的功能，记录用户的访问行为。

（3）AAMC 管理访问控制所需要的属性信息，行使 PIP 和 AR 的功能。

（4）ACSC 首先行使 PAP 的功能，对资源的访问策略进行管理；其次，ACSC 还作为访问控制模型中的 PDP 对用户访问请求做出响应，生成用户访问控制决策。

（5）RESC 行使 LIP 的部分功能，对用户信誉值进行存储和更新。智能合约系统将在 3.4.2 节中进行详细介绍。

3.2.2 模型形式化描述

下面对本研究提出的零信任访问控制模型（Access Control Model，ACM）进行形式化描述。ACM 由用户 S、资源 R、访问策略 P、行为记录 L 等元素共同组成，ACM $= \{S, R, P, L\}$。ACM 间元素的关系如图 3-2 所示。下面，对模型中的各个元素逐一介绍。

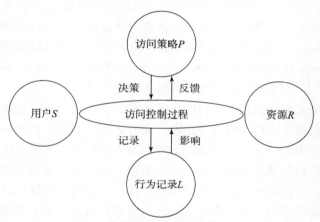

图 3 – 2　访问控制模型元素间的关系

1. 用户 S

将访问控制过程中的所有用户表征为集合 S，其中 $S = \{s_i | 1 \leq i \leq N\}$。$s_i$ 表示访问控制过程中第 i 位发起访问请求的用户，N 为整个系统中包含用户的总个数。s_i 可以表示为一个二维元组 $s_i = \{u_i, sa_i\}$。式中：u_i 为用户 s_i 的全局唯一身份；sa_i 为用户 s_i 的用户属性集合，$sa_i = \{sa_i^\alpha | 1 \leq \alpha \leq n\}$；$sa_i^\alpha$ 为用户 s_i 的第 α 个子属性；n 为用户 s_i 所包含的子属性数量。子属性 sa_i^α 由子属性名称 $sa\_name_i^\alpha$ 和子属性值 $sa\_value_i^\alpha$ 组成，$sa_i^\alpha = sa\_name_i^\alpha :: sa\_value_i^\alpha$。

为了实现快速访问控制授权响应，根据用户 s_i 在访问控制过程所处的不同状态，将用户集合 S 定义成如下 3 类：$S = \{S_F, S_S, S_L\}$。式中，S_F 为全访问控制过程（Full – Access）用户 s_i^f 集合，$S_F = \{s_i^f | 1 \leq i \leq N_1\}$。Full – Access 用户 s_i^f 需要同时满足两个条件：①访问用户 s_i^f 未获得对应资源的访问授权；②用户群组

（具有相同属性用户的集合）未获得访问资源的授权。S_S 表示半访问控制过程（Semi-Access）用户 s_i^s 集合，$S_S = \{s_i^s \mid 1 \leqslant i \leqslant N_2\}$。Semi-Access 用户 s_i^s 需要满足用户未获得访问授权，用户群组获得访问授权这一条件。S_L 为轻访问控制过程（Light-Access）用户 s_i^l 集合，$S_L = \{s_i^l \mid 1 \leqslant i \leqslant N_3\}$。式中：$s_i^l$ 表示已获得访问授权的用户；N_1、N_2、N_3 分别为 Full-Access、Semi-Access 和 Light-Access 用户集合中所包含用户的数量，$N_1 + N_2 + N_3 = N$。

2. 资源 R

用 R 来表示访问控制过程中网络资源的集合，$R = \{r_j \mid 1 \leqslant j \leqslant M\}$。$r_j$ 表示访问控制过程中第 j 个被访问的资源，M 为整个系统中包含资源的总数量。单个资源 r_j 可以用二维元组 $r_j = \{res_j, ra_j\}$ 进行表示，其中 res_j 为资源 r_j 的全局唯一身份，ra_j 为资源 r_j 的资源属性集合。$ra_j = \{ra_j^\gamma \mid 1 \leqslant \gamma \leqslant m\}$，$ra_j^\gamma$ 表示资源 r_j 的第 γ 个子属性，m 为资源 r_j 所包含的子属性数量。子属性 ra_j^γ 由子属性名称 $ra\_name_j^\gamma$ 和子属性值 $ra\_value_j^\gamma$ 组成，$ra_j^\gamma = ra\_name_j^\gamma :: ra\_value_j^\gamma$。

3. 访问策略 P

资源 r_j 的访问控制策略可以用集合 P 表示，$P = \{p_k \mid 1 \leqslant k \leqslant K\}$。$p_k$ 为资源 r_j 的第 k 个访问控制策略，K 为所有访问控制策略的数量。p_k 由访问用户属性 sa，资源属性 ra，操作属性 oa 和环境属性 ea 共同组成，$p_k = \{sa, ra, oa, ea\}$。资源访问策略中所包含的用户属性 sa 和资源属性 ra 在上文中已经进行了定义。操作属性 oa 表示访问用户对被访问资源的动作，$action = \{r, w, c, d, \cdots\}$，$action$ 包含了读 r、写 w、修改 c 和删除 d 等操作。环境属性 ea 表示用户在对资源进行发起访问时所处的环境信息，包含时间、位置和区域等时空信息。与用户属性和资源属性一样，环境属性中每一个子属性也由名称、值共同构成。

另外，为了高效快速访问控制，将 PAP 的部分访问策略下放至 PEP。根据 PAP 和 PEP 中所包含策略信息内容的多少，访问策略 P 划分为高级访问策略 P_H、中级访问策略 P_M 和低级访问策略 P_L，$P = \{P_H, P_M, P_L\}$。P_H 存储在策略管理点中，包含用户访问资源所需要的用户属性 sa、资源属性 ra、操作属性 oa 和环境属性 ea，是 Full-Access 用户 s_i^f 访问控制过程的策略决策依据。为了实现快速访问响应，P_M 和 P_L 被部署在 PEP 中。P_M 由策略的环境属性 ea 构成，用于对已完成访问授权的用户 s_i^l 进行再次访问控制验证。在零信任访问控制模型中，即使用户 s_i^l 已完成访问授权，当该用户 s_i^l 需要再次访问已授权资源时，需要依据 P_M 进行访问权限的快速重新授权。P_L 由用户属性 sa 的子属性名称 $sa\_name_i^\alpha$ 组成。P_L 用于对已完成用户群组访问授权，但未完成用户访问授权的用户 s_i^s 进行访问控制验证。

4. 行为记录 L

在零信任网络中，身份认证行为（Identity Authentication Behavior，IAB）和访问控制行为（Access Control Behavior，ACB）对访问控制决策正确生成起关键性作用。用户接入行为记录 L 定义为 IAB 和 ACB 的集合，$L = \{IAB，ACB\}$。IAB 表征访问用户身份认证过程中的认证行为（如认证结果、认证成功次数、认证失败次数和总认证次数等），ACB 表示访问用户访问控制过程中的访问行为（如访问结果、访问成功次数、访问失败次数和总访问次数等）。在用户接入网络的过程中，用户接入行为记录 L 通过知识库接口周期性地存储在知识库中。

3.2.3 恶意攻击模型

在零信任网络访问控制过程中，恶意用户可能向网络发起与访问控制相关的攻击，非法获取资源的访问授权或阻止网络为正常用户提供授权服务。基于文献[78]所给出的攻击威胁，下面为零信任网络访问过程中几种常见的由恶意用户所发起的攻击。

（1）共谋攻击：为了满足资源的访问策略，攻击者之间相互串通合并用户属性，实现资源的非法访问授权。

（2）拒绝服务攻击：攻击者持续不断地向访问控制节点发起访问控制请求，直至网络服务资源消耗殆尽，阻止合法用户的访问授权服务。

（3）重放攻击：攻击者窃取访问控制过程中传递的数据包内容，并重新发送给目标主机以获得资源的授权访问。

（4）虚假身份攻击：攻击者创建虚假的身份来冒充合法用户，获取相应资源的访问授权。

3.4 本地数据库与智能合约

在本节中，首先介绍部署在接入网关的本地数据库，然后介绍由访问控制模型组件映射成的智能合约单元的功能和函数。

3.4.1 本地数据库

为了提升访问控制响应效率，在接入网关处分别部署包含本地策略数据库和本地访问记录库的本地数据库。

3.4.1.1　本地策略数据库

本地策略数据库存储内容如表 3 – 2 所示。为了防止隐私数据被泄露，策略数据库中的敏感数据信息以 32 位哈希值的形式进行存储。在策略数据示例表中，每一行对应一个资源访问策略的策略信息数据 P_{data} P_{data}。P_{data} 中包含策略标识 P_l、允许访问用户集合 ID_{allow}、禁止访问用户集合 ID_{block}、授权访问用户属性集合 SA_{allow}、低级访问策略 P_L 和中级访问策略 P_M。$P_{\text{data}} = \{ P_l , ID_{\text{allow}}, ID_{\text{block}}, SA_{\text{allow}}, P_L, P_M \}$ $P_{\text{data}} = \{ P_l , ID_{\text{allow}}, ID_{\text{block}}, SA_{\text{allow}}, P_L, P_M \}$。

表 3 – 2　本地策略数据库存储内容

P_l	ID_{allow}	ID_{block}	SA_{allow}	P_L	P_M
e004eb67 21bc0902 2319a914 d0770cca	{8df5986f0af ff3f189b1bef 1aa347df7	{27f8662507 4fb46109f808 d2dfb9e0fb	{8be24817e8 40f1ffdfad73 9e18ea4702	{Group	{Location∷ School
	…	…	…		…
	aab2d0895a7 d3881ea441a e9a6da0bb6}	7eaa3f266f2f d2a6ffc429ca 73507ca9}	d498b85bf83 60e76b27d61 b303503baf}	Role}	EndTime∷ 2023 – 01 – 01 8∶56∶32}
…	…	…	…	…	…
fe4b53de1 38ff8c5bb 6fa2fe724 32d84	{8ee4a832ac1 81566e06fffc bd8de61b9	{d8c8675b46 550a26e3a4e 94123234781	{5bede57650 e502867f38d 6f056a897f2	{Cluster	{Location∷ park
	…	…	…		…
	3a2938e1d19 07c0a78f5257 ad38b8584}	efed163516d bb98b5cf30d 98a9234785}	4d8d6b3df31 3a960b59528 9448a23b68}	Privilege}	EndTime∷ 2022 – 12 – 21 16∶35∶13}

1. 策略标识 P_l

策略标识 P_l 由资源 r_j 和操作属性 oa 经哈希函数 Hash( ) 计算后得到，用来表征资源 r_j 在既定访问动作下的访问策略，$P_l = \{ \text{Hash}(r_j \| oa) | 1 \leqslant j \leqslant M \}$。

2. 允许访问用户集合 ID_{allow}

ID_{allow} 表示资源允许访问用户的集合。当用户 s_i 获得资源访问授权后，需要将用户标识 U_{id} 添加进该列表中，$U_{id} = \text{Hash}(u_i)$，$U_l = \text{Hash}(u_i)$。

3. 禁止访问用户集合 ID_{block}

ID_{block} 表示资源禁止访问用户的集合。当访问控制系统判定用户 s_i 为恶意用户时，需要将用户标识 U_{id} 添加至该列表中，阻断用户 s_i 后续访问过程。

4. 授权访问属性集合 SA_{allow}

SA_{allow} 为授权访问用户属性标识的集合。属性标识由获得访问授权用户的属性经哈希函数计算后得到，为快速访问控制提供判别依据。$SA_{allow} = \{$ Hash $(sa\_value_i^{\alpha}) \mid 1 \leqslant \alpha \leqslant n, \ 1 \leqslant i \leqslant N \}$。

5. 低级访问策略 P_L

低级访问策略 P_L 由用户属性 sa 的子属性名称 $sa\_name_i^{\alpha}$ 组成，$P_L = \{sa\_name_i^{\alpha} \mid 1 \leqslant \alpha \leqslant n\}$。

3.4.1.2 本地访问记录库

本地访问记录库中存储了用户访问控制过程相关信息，如表 3-3 所示。同样，为了防止隐私数据被泄露，本地访问记录库中的敏感数据信息以 32 位哈希值的形式进行存储。表 3-3 为本地记录数据库存储内容，其中，每一行对应一个用户 s_i 的访问控制结果 AC_{result}。$AC_{result} = \{U_{id}, AC_{record}, ACN_t, ACN_s, ACN_f, AC_f\}$。

表 3-3 本地记录数据库存储内容

U_{id}	AC_{record}	ACN_t	ACN_s	ACN_f	AC_f
b7d964c4 500d74a1 c0a2bf21d 9a50e32	{b7d964c4500d74a1c0a2bf21d9a50e32 ‖ 05d55e34b950e916 ae852872c1d48f35 ‖ w ‖ allow ‖ 2023 - 01 - 01 13：14：42； … b7d964c4500d74a1c0a2bf21d9a50e32 ‖ aff965880c4f2640 ce78f6f6051811b2 ‖ w ‖ deny ‖ 2023 - 01 - 12 09：43：16}	10	8	2	3
…	…	…	…	…	…
7e160eafa 94626e80 8ef6a8742 336e55	{7e160eafa94626e808ef6a8742336e55 ‖ c52958c5eaff04db 073f32690f979bdb ‖ r ‖ deny ‖ 2023 - 01 - 02 11：27：38； … 7e160eafa94626e808ef6a8742336e55 ‖ f8c4c9143491bd df9c33a8fd36507341 ‖ w ‖ allow ‖ 2023 - 009 17：52：41}	5	4	1	1

1. 用户标识 U_{id}

U_{id} 对访问控制用户身份进行唯一标识。为了防止访问控制记录信息被恶意窃取，访问记录数据库中的用户标识 U_{id} 由用户身份标识 u_i 经哈希函数 Hash( )

计算得到，$U_{id} = \text{Hash}(u_i)$。

2. 访问记录集合 AC_{record}

AC_{record} 表征用户 s_i 的访问记录 AC_i^θ 的集合，$AC_{\text{record}} = \{AC_i^\theta \mid 1 \leqslant \theta \leqslant ACN_t\}$，$ACN_t$ 为用户 s_i 的总访问次数。用户 s_i 的每一条访问记录 AC_i^θ 可以表征为如下：$AC_i^\theta = \{U_{id} \parallel R_{id} \parallel \text{action} \parallel \text{accResult} \parallel \text{accTime}\}$。式中，$U_{id}$ 和 R_{id} 分别为访问用户标识和访问资源标识，$R_{id} = \text{Hash}(r_j)$。在访问记录 AC_i^θ 中，action 为访问动作，accResult 为访问结果，accTime 为访问时间戳。

3. 总访问次数 ACN_t

ACN_t 表征用户 s_i 的总访问次数。

4. 访问成功次数 ACN_s

ACN_s 表征用户 s_i 的总访问成功次数。

5. 访问失败次数 ACN_f

ACN_f 表征用户 s_i 的总访问失败次数。

6. 访问控制频率 AC_f

AC_f 表示用户单位时间发起访问控制请求的次数。在访问过程中，访问控制智能代理对比访问控制频率 AC_f 与访问频率阈值进行决策，实现对短时间发送过量访问请求恶意行为的快速阻断。

3.4.2　智能合约

区块链网络中的智能合约单元包含 5 个智能合约：身份认证记录合约（IARC）、访问控制记录合约（ACRC）、访问属性管理合约（AAMC）、访问控制智能合约（ACSC）和信誉评估智能合约（RESC）。

3.4.2.1　身份认证记录合约 IARC

IARC 存储用户在身份认证阶段的身份认证结果和身份凭据。在访问控制过程中，IARC 通过访问控制接口为 ACSA 提供用户身份认证结果以及协商通信密钥。另外，IARC 中还存储用户身份认证记录，为 RESC 提供了信誉更新接口。

在访问控制过程中，IARC 提供了两个函数接口给其他组件进行调用。IARC 中的函数内容如下：

1. 身份认证结果查询函数 query Auth Result（u_i）

查询储存在 IARC 中用户 u_i 的认证结果。如果用户身份不可信（用户身份认证失败），则返回身份认证结果"用户身份不可信"；如果用户身份可信（身份认证成功），则返回"用户身份可信"的身份认证结果和身份认证过程中协商的通信密钥 K_{sc}。

2. 身份认证信息获取函数 get AuthRecord（u_i）

获取存储在区块链中的身份认证记录信息（Identity Authentication Record Information，IARI）。IARI 保存在 IARC 中的认证记录信息表（ARIT）中，可以表示为：IARI = {用户标识 u_i，认证方法 M，认证方法版本 V，身份认证时间 T_{ua}，身份认证结果 R_{ua}，成功身份认证次数 NoS，失败身份认证次数 NoF，身份认证频率 $NoAP$}。RESC 调用身份认证信息获取函数得到用户身份认证信息，用于用户身份信誉计算。用户身份认证的相关内容已在第 2 章中进行了详细介绍，此处不再讲述。

3.4.2.2　访问控制记录合约（ACRC）

在本研究提出的访问控制方法中，ACRC 具有如下作用：①ACRC 对用户访问行为进行实时记录，确保用户行为可追溯；②ACRC 为 RESC 提供用户访问控制行为记录，给用户访问信誉计算提供依据。

访问控制记录合约中包含 3 个可调用函数，函数功能如下：

1. 访问控制记录查询函数 query Acc Result（u_i）

查询存储的用户 s_i 的访问行为记录 AC_{result}，并返回相应的查询结果。如果区块链中存有 s_i 的访问行为记录，则返回用户 s_i 的所有访问行为记录 AC_{result}；如果区块链中没有访问记录，则返回"用户访问行为不存在"的查询结果。另外，ACSA 还周期性地调用访问控制记录查询函数，更新本地访问记录库。

2. 访问控制记录更新函数 update Acc Result（u_i，AC_{result}）

将本地访问记录数据库存储的访问行为记录 AC_{result} 上传至 ACRC 中。ACSA 周期性调用访问行为记录更新函数，更新区块链中存储的用户访问控制记录。

3. 访问控制信息上传函数 upload Acc Record（u_i）

查询用户 s_i 的访问控制结果，获取存储的总访问次数 ACN_t、访问成功次数 ACN_s、访问失败次数 ACN_f 和访问控制频率 AC_f。信誉评估智能合约在计算用户 s_i 信誉值时，调用该函数获取用户访问行为信息。

3.4.2.3　访问属性管理合约（AAMC）

AAMC 存储用户访问控制的用户属性和资源属性信息，为 ACSA 和 ACSC 提供用户属性和资源属性相关信息。AAMC 包含 4 个调用函数。

1. 属性注册函数 reg Attr（u_i/res_j，sa_i/ra_j）

在属性注册阶段，ACSA 调用属性注册函数，将用户 s_i（或资源 r_j）的用户属性 sa_i（或资源属性 ra_j）存储在 AAMC 中。

2. 属性查询函数 query Attr（u_i/res_j）

在用户访问控制阶段，ACSA 调用该函数，查询用户 s_i（或资源 r_j）的用户属性 sa_i（或资源属性 ra_j），生成访问控制决策。

3. 属性哈希查询函数 query Attr Hash（u_i，P_L）

查询存储的用户属性 sa_i，返回与 P_L 对应的属性哈希值 attr Hash，attr Hash = $\{\mathrm{Hash}(\sum sa\_\mathrm{value}_i^\alpha) \mid sa\_\mathrm{name}_i^\alpha \in P_L\}$。

4. 属性删除函数 del Attr（u_i/res_j）

删除 AAMC 中存储的用户 s_i（或资源 r_j）的用户属性 sa_i（或资源属性 ra_j）。

3.4.2.4 访问控制智能合约（ACSC）

在访问控制过程中，ACSC 中包含 6 个函数，每个函数的功能如下：

1. 策略注册函数 reg Policy（res_j，p_k）

在访问策略注册阶段，网络管理员调用策略注册函数将资源 r_j 的访问策略 p_k 在 ACSC 中进行存储。

2. 策略查询函数 query Policy（res_j，action）

ACSC 提供策略查询函数查询资源 r_j 以 P_l 为索引存储的访问策略 p_k。P_l = Hash（$res_j \parallel$ action）。

3. 全策略查询函数 query AllPolicy（）

查询 ACSC 中存储的所有的资源策略 p_k，周期性地更新本地策略数据库中存储的资源策略信息数据 P_data。

4. 策略更新函数 update Policy（P_data）

ACSA 周期性调用策略更新函数，将本地策略数据库中的资源策略信息数据 P_data 上传至 ACSC 中。

5. 策略删除函数 del Policy（res_j，action）

删除 ACSC 中存储的以 P_l 为索引的访问策略信息。

6. 访问控制函数 acc Control（u_i，res_j，action，ea，ac_label）

ACSA 调用访问控制函数，对用户 s_i 在环境属性 ea 下以动作 action 访问 r_j 的访问请求进行决策，生成访问控制结果 acc Res。ac_{label} 为访问控制标识，用来区分不同的访问控制过程。ac_{label} 为 f、s 和 l 分别对应 Full – Access、Semi – Access 和 Light – Access 访问控制过程。

3.4.2.5　信誉评估智能合约（RESC）

RESC 对用户信誉进行存储和更新。在用户访问控制过程中，RESC 根据记录的用户访问行为计算用户访问行为信誉 R_a，同时根据计算得到的用户访问信誉，更新用户全局信誉 R_g。用户全局信誉 R_g 的计算过程将在第 5 章中详细介绍。RESC 为其他智能合约提供了一个调用函数接口，用于查询用户全局信誉 R_g。全局信誉查询函数 get UETrust（u_i）内容如下：

在访问控制过程中，ACSC 调用 RESC 中的全局信誉查询函数，获取用户 s_i 的全局信誉 R_g，生成访问控制阶段的动态管控决策。另外，RESC 还周期性地获取存储在 ACRC 中的用户访问行为，计算用户访问行为信誉 R_a。当前时刻，用户的访问行为信誉 R_a 的计算公式如下：

$$R_a = \sum_{y=1}^{Y} \left(\beta_y * \frac{S_A^y + 1}{S_A^y + \vartheta_A \cdot F_A^y + 2} \right) \tag{3-1}$$

式中：Y 为用户子访问行为的总数量；S_A^y 和 F_A^y 分别为用户访问控制过程中的子访问行为的积极行为和消极行为。以访问控制统计行为为例，ACN_s（访问控制成功次数）和 ACN_f（访问控制失败次数）分别为子访问行为中的积极行为和消极行为。β_y 为访问行为中每个子行为的权重因子，ϑ_A 为访问行为的惩罚因子。$\vartheta_A \geqslant 1$。访问行为信誉值 $R_a(t)$ 的更新公式如式（3-2）所示：

$$R_a(t) = \rho \cdot R_a(t-1) + (1-\rho) \cdot R'_a(t) \tag{3-2}$$

式中：$R_a(t-1)$ 为上一时刻访问行为信誉值；$R'_a(t)$ 为当前时刻的访问行为信誉值；ρ 为上一时刻信誉值在更新信誉值中的占比，$0 \leqslant \rho \leqslant 1$。

在访问控制过程中，存储的用户访问行为信息通过知识库的数据接口，周期性地将聚合后的用户访问行为信息存储在知识库模块中。知识库模块利用聚合的访问行为信息通过知识推理等方法挖掘用户访问行为之间的联系，实现恶意访问行为和用户的提前预警。在本研究中，使用区块链智能合约来行使行为知识库的功能。具体为存储在身份认证记录合约、访问控制记录合约、访问属性管理合约和访问控制智能合约中的用户行为知识共同组成了访问控制阶段的用户行为知识库。表 3-4 为聚合后存储在行为知识库中的用户访问行为数据结构。

表 3 - 4　用户访问行为数据结构

访问行为	名称	描述	数据类型
用户属性信息	u_i	用户身份	字符型
	U_{id}	用户标识	字符型
	sa_i	用户属性集合	字符型
资源属性信息	res_j	资源身份	字符型
	R_{id}	资源标识	字符型
	ra_j	资源属性集合	字符型
环境属性信息	ea	环境属性	字符型
访问动作信息	action	访问动作	字符型
访问策略信息	P_l	访问策略标识	字符型
	ID_{allow}	允许访问用户集合	字符型
	ID_{block}	禁止访问用户集合	字符型
	SA_{allow}	授权访问属性集合	字符型
	sa	访问策略用户属性	字符型
	ra	访问策略资源属性	字符型
	ea	访问策略环境属性	字符型
	oa	访问策略操作属性	字符型
访问记录信息	accTime	访问控制时间	字符型
	accResult	访问控制结果	字符型
	ACN_t	总访问次数	整数型
	ACN_s	访问成功次数	整数型
	ACN_f	访问失败次数	整数型
	AC_f	访问控制频率	整数型

3.5　基于区块链的访问控制

在这一节中，首先介绍本研究所提出的零信任网络区块链赋能的基于属性的访问控制方法。本研究所提出的访问控制方法包含 4 个过程：属性注册过程、策略注册过程、访问控制过程和动态决策过程，之后，逐一介绍4个过程。

3.5.1 属性注册过程

在属性注册过程中，用户或资源需要向接入网关中的访问控制智能代理发送属性注册请求。只有身份可信的用户或资源，才能够将自身属性注册在区块链中。考虑到用户属性注册过程和资源属性注册过程大致相同，故在本章中，以用户属性注册过程为例展示属性注册过程。需要说明的是，在属性注册过程前，用户和接入网关都通过开放信道保存了对方的公钥信息。用户属性注册过程如图3-3所示，具体步骤如下：

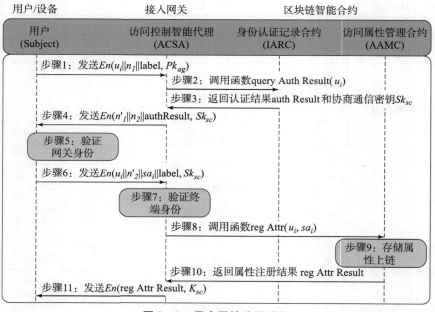

图3-3　用户属性注册过程

步骤1：用户向接入网关中的访问控制智能代理发送用户属性注册请求。用户属性注册请求中包含用户身份标识 u_i、随机数 n_1 和用来标志用户属性注册请求的标志位 label，label = arr。为了防止信息被非法窃取，用户属性注册请求报文使用接入网关的公钥 Pk_{ag} 进行加密。$En(A, B)$ 为加密函数，表示数据 A 使用密钥函数 B 进行加密。

步骤2：访问控制智能代理收到属性注册请求后，首先使用网关密钥 Sk_{ag} 解密得到用户身份标识 u_i，之后，ACSA调用IARC中的query Auth Result函数查询用户身份认证结果。

　　步骤 3：IARC 查询存储的用户身份认证信息，向接入网关返回身份认证结果 auth Result。若用户身份可信，则 auth Result = True；否则身份认证结果为 False。此外，在用户身份可信时，还需要向接入网关返回存储在区块链中在身份认证阶段协商的通信公钥 Pk_{sc}。

　　步骤 4：ACSA 向用户返回属性注册响应，属性注册响应中包含身份认证结果 auth Result、用户发送的随机数 n'_1 和网关生成的随机数 n_2。需要说明的是，若身份认证结果为 True，则使用区块链中存储的通信密钥 Sk_{sc} 对属性注册响应进行加密。若身份认证结果为 False，则使用用户公钥 Pk_{ue} 对报文进行加密。

　　步骤 5：用户使用通信密钥 Sk_{sc} 或用户私钥 Sk_{ue} 解密属性注册响应。若 auth Result 为 False，则停止用户属性注册过程。若 authResult 为 True，用户需要通过比较随机数 n_1 和 n'_1 对网关身份进行验证。只有网关身份验证成功，才继续进行用户属性注册。

　　步骤 6：用户向 ACSA 发送包含用户身份标识 u_i、接收的随机数 n'_2、用户属性 sa_i 和属性注册请求的标识 label 的用户属性信息报文。其中，label $= ari$。为了防止用户属性 sa_i 被恶意用户窃取，用户属性信息报文使用通信密钥 Sk_{sc} 进行加密。

　　步骤 7：接入网关首先使用通信密钥 Sk_{sc} 对用户属性信息报文进行解密。随后，ACSA 比对接收的随机数 n'_2 和步骤 4 发送的随机数 n_2 来验证用户身份。若用户身份验证失败，则中止属性注册过程。

　　步骤 8：ACSA 调用 AAMC 合约中的属性注册函数 reg Attr 将用户属性 sa_i 注册在区块链中。

　　步骤 9：AAMC 在区块链中构建用户标识 u_i 和用户属性 sa_i 之间的映射关系，并将该映射关系存储在区块链中。

　　步骤 10：AAMC 将属性注册结果 reg Attr Result 发送给 ACSA。如果用户属性注册成功，则 reg Attr Result 为 True；否则，reg Attr Result 为 False。

　　步骤 11：ACSA 将注册结果 reg Attr Result 用通信密钥 Sk_{sc} 加密后发给用户。至此，用户属性注册过程完成。

3.5.2　策略注册过程

　　在策略注册过程中，假定只有身份合法的网络管理员才具有访问策略上传权限。为了防止资源访问策略被泄露，网络管理员会通过安全信道定期与访问控制智能代理更新交换通信密钥 Sk_{sc}。在访问策略注册过程中，网络管理员首先向

ACSA 发送访问策略注册报文。随后，ACSA 调用相应的智能合约函数将资源访问策略存储在区块链中。图 3 – 4 展示了访问策略注册过程。

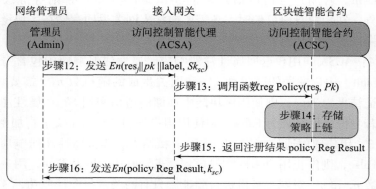

图 3 – 4　访问策略注册过程

步骤 12：管理员向 ACSA 发送包含资源标识 res_j、访问策略 pk 和策略注册标识 label = prr 的访问策略注册报文。为了保证策略注册过程的安全性，访问策略注册报文由周期性更新的通信密钥 Sk_{sc} 进行加密。

步骤 13：ACSA 对访问策略注册报文进行解密，并调用 ACSC 中的策略注册函数 reg Policy 将资源访问策略 p_k 注册在区块链中。

步骤 14：ACSC 构建资源标识 res_j 与访问策略 p_k 的映射关系，并在区块链中对该映射关系进行存储。

步骤 15：ACSC 向 ACSA 返回资源策略注册结果（Policy Reg Result）。如果访问策略注册成功，则 Policy Reg Result 为 True；否则，Policy Reg Result 为 False。

步骤 16：ACSA 将策略注册结果 Policy Reg Result 经通信密钥 Sk_{sc} 加密后发送给管理员。至此，访问策略注册过程完成。

3.5.3　访问控制过程

在用户访问控制过程中，通过部署访问控制智能代理、身份认证记录合约、访问属性管理合约、访问控制智能合约和访问控制记录合约，实现了零信任网络中基于属性的访问控制。为了提升用户访问控制效率，在接入网关中部署包含本地策略数据库和本地访问记录库的本地数据库，实现对用户访问请求进行快速响应。另外，针对不同状态的访问控制用户，分别设计对应的访问控制流程，提升访问控制响应效率。

图 3 - 5 为基于属性的访问控制过程，具体步骤如下：

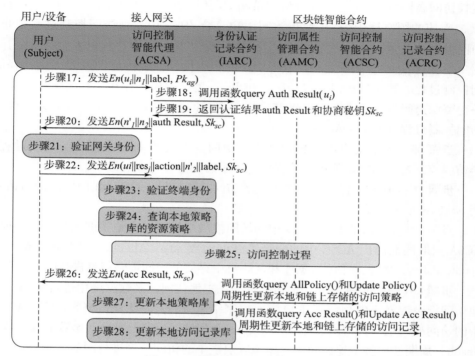

图 3 - 5　基于属性的访问控制过程

步骤 17 ～ 步骤 21：在基于属性的访问控制过程，用户与接入网关之间的交互过程（步骤 17 ～ 步骤 21）与属性注册过程中的步骤 1 ～ 步骤 5，故不对这部分内容进行描述。需要说明的是，在访问控制过程的步骤 17 中，用户发送标识 label 置为 acr 的访问控制请求报文。在步骤 20 中，访问控制智能代理向用户发送的不再是属性注册响应报文，而是访问控制请求响应报文。

步骤 22：在验证网关身份可信后，用户向 ACSA 发送访问控制信息报文。访问控制信息报文包含用户身份标识 u_i、资源标识 res_j、访问动作 action、接收到的随机数 n'_2 和标识 label。其中，label 设置为 aci，表示该报文为访问控制信息报文。访问控制信息报文使用协商密钥 Sk_{sc} 进行加密，以防止访问控制信息被恶意窃取。

步骤 23：ACSA 通过比较随机数 n'_2 和 n_2 对用户身份进行验证。若用户身份为不可信，则访问控制过程中止；否则，进行步骤 24。

步骤 24：ACSA 首先将资源标识 res_j 和访问动作 action 通过哈希运算生成策略标识 P_l，以策略标识 P_l 为索引在本地策略数据库中查询访问策略信息数据

P_{data}。P_{data} 包含策略标识 P_l、允许访问用户集合 ID_{allow}、禁止访问用户集合 ID_{block}、授权访问属性集合 SA_{allow}、低级访问策略 P_L 和中级访问策略 P_M。若用户身份标识 u_i 对应的用户标识 U_l 在禁止访问用户集合 ID_{block} 中，则访问控制过程中止，访问控制结果 acc Result 置为 False，跳转至步骤 26。若用户标识 U_{id} 在允许访问用户集合 ID_{allow} 中，表明用户已获得资源的相应授权，跳转至步骤 25，进行轻访问控制过程。若用户标识 U_{id} 在 ID_{allow} 和 ID_{block} 集合中均不存在，表明该用户尚未获得资源访问授权，跳转至步骤 25，进行全访问控制过程（Full – Access）或半访问控制过程（Semi – Access）。

步骤 25：根据用户访问控制状态，访问控制过程划分成全访问控制过程、半访问控制过程和轻访问控制过程。这 3 个访问过程将在后续小节介绍。

步骤 26：ACSA 将步骤 25 中生成的访问控制结果 acc Result 用协商的通信密钥 Sk_{sc} 加密后发送给用户。

步骤 27：ACSA 根据步骤 25 中的访问控制结果更新本地策略数据库。同时，ACSA 周期性地调用 ACSC 中的全策略查询函数 query AllPolicy 和策略更新函数 update Policy，对本地策略数据库和区块链中存储的访问策略信息进行同步更新。

步骤 28：ACSA 将用户 s_i 的访问行为在本地访问记录数据库中进行更新，本地访问记录数据库中存储着用户访问控制结果 AC_{result}。此外，ACSA 调用 ACRC 中的访问控制记录查询函数 query Acc Result 和访问控制记录更新函数 update Acc Result，周期性地将本地访问记录库与区块链中的访问记录进行同步。

接下来介绍步骤 25 中的 3 种访问控制过程：全访问控制过程、半访问控制过程和轻访问控制过程。

1. 全访问控制过程

在访问控制过程中，当用户无对应资源的访问授权记录时，需要验证用户群组是否获得资源的访问授权。若用户群组获得访问授权，则用户需要进行半访问控制过程。否则，用户需要进行全访问控制过程。图 3 – 6 展示了步骤 25 的全访问控制过程，具体步骤如下。

步骤 25.1a：ACSA 调用属性哈希查询函数 query Attr Hash 在访问属性管理合约中查询用户属性哈希值。P_L 为资源 r_j 对应的低级访问策略。

步骤 25.1b：AAMC 首先查找存储在区块链中用户标识为 u_i 的用户属性 sa_i。然后，智能合约根据上传的资源 res_j 的低级访问策略 P_L 计算用户属性哈希值 attr Hash，attr Hash $= \{ Hash(\sum sa\_value_i^{\alpha}) | sa\_name_i^{\alpha} \in P_L \}$。最后，AAMC 将计算得到的用户属性哈希值 attr Hash 返回给 ACSA。

步骤 25.1c：ACSA 在本地策略数据库中查询用户属性哈希值 attrHash 是否在访问策略信息数据 P_{data} 的允许访问属性集合 SA_{allow} 中。若返回的用户属性哈希值

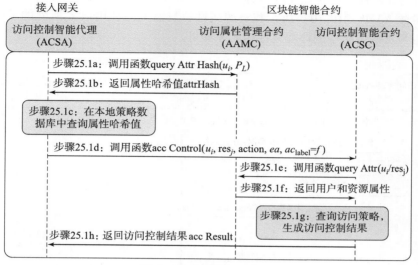

图 3 - 6　全访问控制过程

attr Hash 在集合 SA_{allow} 中，则表明用户群组已获得资源的访问授权，用户只需进行半访问控制过程。若 attr Hash 不在集合 SA_{allow} 中，则表明用户群组未获得授权，用户需要进行完整的全访问控制过程。

步骤 25.1d：ACSC 调用访问控制函数 acc Control，将用户身份标识 u_i、资源标识 res_j、访问动作 action、环境属性 ea 和访问控制标识 ac_{label} 等信息提供给 ACSC 进行访问授权。其中，访问控制标识 ac_{label} 被设定为 f，表示 ACSC 需要为用户提供全访问控制过程。

步骤 25.1e：ACSC 调用属性查询函数 query Attr 向 AAMC 合约查询用户 s_i 和资源 r_j 对应的用户属性 sa_i 和资源属性 ra_j。

步骤 25.1f：AAMC 将存储的用户属性 sa_i 和资源属性 ra_j 发送给 ACSC。

步骤 25.1g：ACSC 查询资源访问策略，根据获取的用户属性 sa_i、资源属性 ra_j、环境属性 ea 以及访问动作 action 生成访问控制结果 acc Result。具体的访问控制决策生成过程在 3.5.4 节中介绍。

步骤 25.1h：ACSC 将生成的访问控制结果 acc Result 发送给 ACSA。至此，用户全访问控制过程结束。

2. 半访问控制过程

若用户未获得资源访问授权，且用户群组获得了访问授权，则用户需要进行半访问控制过程。图 3 - 7 为半访问控制过程。半访问控制过程与全访问控制过程几乎一致。不同的是，在调用访问控制函数 acc Control 时，半访问控制过程需要将访问控制标识位 ac_{label} 设置成 s。另外，在半访问控制过程中，ACSC 无须查询存储在 AAMC 中的用户属性和资源属性，只需要验证用户 s_i 所处的环境属性 ea 是否与资源策略中的环境属性相匹配即可。

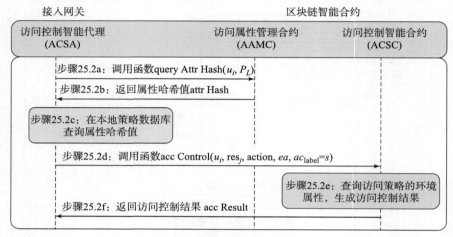

图 3-7 半访问控制过程

3. 轻访问控制过程

若用户已获得资源的相应授权，当用户须要再次访问该资源时，用户无须进行全访问控制过程和半访问控制过程，只需要进入轻访问控制过程即可。这是因为考虑到用户属性是对用户固有特性的具体描述，用户属性注册上链后便无法被轻易改变。已获得资源访问授权的用户，其用户属性已经满足资源的访问属性需求，故在轻访问控制过程中，只需要对环境属性进行验证即可。这种访问控制过程能够缩短用户访问控制时间，提升访问控制响应效率。图 3-8 为轻访问控制过程。

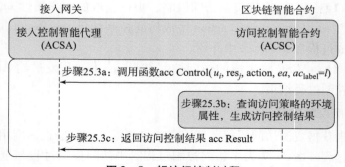

图 3-8 轻访问控制过程

轻访问控制过程步骤如下：

步骤 25.3a：ACSA 调用 ACSC 合约中的访问控制函数 acc Control 对用户 s_i 进行访问控制。所调用的访问控制函数 acc Control 中相关参数包含用户身份标识 u_i、资源标识 res_j、访问动作 action、环境属性 ea 以及访问控制标识 ac_{label}。其中 ac_{label} 设为 l，表示轻访问控制过程。

步骤 25.3b：ACSC 查询资源 r_j 对应的访问策略中的环境属性，并生成访问控制结果 acc Result。

步骤 25.3c：ACSC 将访问控制结果 acc Result 发送给 ACSA。

3.5.4　动态决策过程

本节主要介绍 ACSC 的访问控制动态决策过程。访问控制动态决策过程在 Full – Access、Semi – Access 和 Light – Access 过程中分别对应图 3 – 6、图 3 – 7、图 3 – 8 中的步骤 25.1g、步骤 25.2e 和步骤 25.3b。

在访问控制动态决策过程中，首先，ACSC 在区块链中查询被访问资源 r_j 所对应的访问控制策略 p_k；其次，ACSC 需要向 RESC 查询用户全局信誉 R_g；最后，ACSC 根据获取的访问控制策略 p_k、用户属性 sa_i、资源属性 ra_j、环境属性 ea、访问动作 action 和用户全局信誉 R_g 根据基于属性的访问控制策略，生成动态访问控制结果 acc Result。

图 3 – 9 为访问控制动态决策过程，动态决策过程的步骤如下：

步骤 1：ACSC 调用策略查询函数 query Policy 查询存储在区块链中资源 r_j 对应的访问控制策略 p_k。

步骤 2：ACSC 调用 RESC 的全局信誉查询函数 get UETrust 查询用户 s_i 的全局信誉 R_g。

步骤 3：RESC 周期性调用访问控制信息上传函数 upload Acc Record 向 ACRC 中查询用户 s_i 的访问控制记录。

步骤 4：ACRC 向 RESC 返回用户 s_i 的访问控制记录 acc Record。acc Record 中包含总访问次数 ACN_t、访问成功次数 ACN_s、访问失败次数 ACN_f 和访问控制频率 AC_f 等相关信息。

步骤 5：RESC 根据 3.4.2 节中给出的访问行为信誉计算和更新公式，计算得到用户 s_i 的访问行为信誉 R_a。随后，根据计算得到的 R_a 更新用户全局信誉 R_g。

步骤 6：RESC 将计算得到的用户全局信誉 R_g 发送给 ACSC 进行动态访问控制决策。

步骤 7：ACSC 首先用获得的资源访问策略 p_k、用户属性 sa_i、资源属性 ra_j、

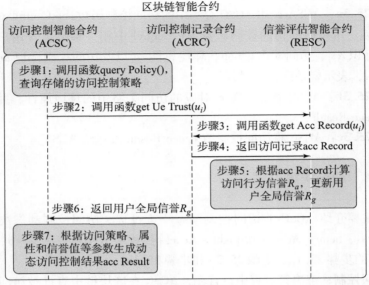

图 3 - 9　动态决策过程

环境属性 ea 等，根据基于属性的访问控制方法验证用户是否能够获得资源的访问授权。需要说明的是，Semi - Access 过程和 Light - Access 过程只需要验证环境属性 ea 即可；若用户 s_i 获得了资源 r_j 的访问授权，则 acc Result 为访问授权成功；若用户 s_i 未获得资源 r_j 的访问授权，则需要根据用户的全局信誉 R_g 生成动态访问控制决策。当 R_g 小于 λ_1 时，用户 s_i 需要被添加进禁止访问用户集合 ID_{block} 中，acc Result 设置为禁止接入；当 $\lambda_1 \leqslant R_g \leqslant \lambda_2$ 时，用户 s_i 需要重新进行身份认证和访问控制过程，acc Result 设置为重身份认证和重访问控制；当 R_g 大于 λ_2 时，用户只需进行重访问控制过程即可，acc Result 设置为重访问控制。λ_1 和 λ_2 为常数，且满足 $0 \leqslant \lambda_1 < \lambda_2 \leqslant 1$。至此，访问控制动态决策过程结束。

3.6　评估试验

在这一节中，首先，介绍基于 Hyptrledger Fabric 搭建的零信任网络访问控制原型系统；其次，从智能合约、区块链设置和访问控制方法 3 个方面对所提出的区块链赋能的基于属性的访问控制方法进行性能评估；最后，对本研究所提出访问控制方法进行安全性分析。

3.6.1　试验环境

搭建了基于 ESXi 服务集群的 VMware vSphere 虚拟化平台，部署 10 台虚拟机来组成零信任网络访问控制原型系统。每一台虚拟机配置均为 40GB 硬盘容量、8GB 内存空间和 Ubuntu 20.04 Linux 操作系统。在访问控制原型系统中，用 9 台虚拟服务器表示网络接入网关，1 台服务器模拟用户发起访问控制请求。另外，9 台服务器接入网关中，安装了 Hyperledger Fabric 客户端来构建区块链网络。区块链网络可以划分为 3 个组织，每个组织中包含 3 个 Peer 节点、1 个 CA 节点和 1 个 Orderer 节点。智能合约使用 go 语言撰写，以链码的形式部署在区块链网络中。智能代理则是以 Python 脚本的形式部署在各个接入网关处。智能代理与区块链网络通过 fabric - sdk - py 进行访问控制过程中的通信交互。

3.6.2　性能评估

在这一小节中，首先对部署在区块链原型系统中的智能合约性能进行评估；其次，分析区块链配置对所提出访问控制方法的影响；最后，在原型系统中，对提出的区块链赋能的基于属性的访问控制方法性能进行评估。

3.6.2.1　智能合约性能评估

在搭建的 Fabric 原型系统中，利用区块链客户端对部署在区块链中的智能合约相关函数进行直接调用，验证智能合约中各个函数的响应处理速度。表 3 - 5 为智能合约性能评估表。需要说明的是，ACSA 中的访问控制函数 acc Control 包含 3 个不同的访问控制过程（全访问控制、半访问控制和轻访问控制），访问控制函数 acc Control 的响应速度在不同的访问控制过程中不一样，将在后续小节中对访问控制过程性能进行比较，本小节不再展示 acc Control 的响应结果。

表 3 - 5　智能合约性能评估表

智能合约	性能评估结果		
IARC	query Auth Result		get Auth Record
	5.32ms		5.12ms
ACRC	query Acc Result	update Acc Result	upload Acc Record
	5.27ms	11.75ms	5.32ms

续表

智能合约	性能评估结果			
AAMC	reg Attr	query Attr	query Attr Hash	del Attr
	11. 63ms	5. 20ms	4. 83ms	11. 49ms
ACSC	reg Policy	query Policy	query AllPolicy	update Policy	del Policy
	12. 13ms	5. 21ms	11. 45ms	11. 71ms	10. 83ms
RESC	get UETrust			
	15. 19ms			

区块链客户端对智能合约函数的调用方法分为调用（invoke）和查询（query）两个大类，其中 get Auth Record、update Acc Resoult、upload Au Record、reg Attr、del Attr、reg Policy、update Policy、del Policy、get Ue Trust 为 invoke 方式进行调用，其他的则为 query 方式调用。从表 3-5 中可以看出，智能合约函数响应时间基于上述两种调用方式被分成两个部分。以 query Attr Hash 方法调用智能合约函数的响应时间为4.83 ms，而以 invoke 方法调用智能合约函数的响应时间为 11~12 ms。这是因为 query Attr Hash 方法只需要查询区块链客户端保存在本地的账本中的相关数据，无须对账本进行更改等操作。而 invoke 方法需要对区块链中的账本内容进行修改，修改后的账本内容还需要经过节点共识才能够进行全局同步。与 query 方法相比较，invoke 方法的函数响应时间更长。

另外，信誉评估智能合约 RESC 中的用户访问信誉获取函数 get Ue Trust 由于需要调用 ACRC 中的函数获取用户访问行为信誉 R_a，且需要基于 R_a 更新计算用户全局信誉，故因此 get Ue Trust 的响应时间为 15.19 ms，略高于其他 invoke 方法调用智能合约函数的响应时间。

3. 6. 2. 2　区块链性能评估

在这一小节中，重点关注区块链的不同配置对所提出的访问控制方法性能的影响，为后续的性能评估实验选择合适的区块链配置。在本小节中，评估不同共识算法对用户总访问控制时间的影响和评估不同区块大小对用户访问控制性能的影响。

1. 评估不同共识算法对用户总访问控制时间的影响

Hyperledger Fabric 区块链平台提供 3 种共识算法：Solo 共识算法、Kafka 共识得算法和 Raft 共识算法。因此，本节分别验证10 个、50 个、100 个、200 个和500 个用户在上述 3 种共识算法下的访问控制总时间。图 3-10 为用户在不同共识算法下的访问控制总时间。

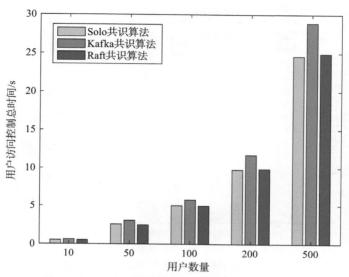

图 3 - 10　不同共识算法对访问控制总时间的影响

从图 3 - 10 中可以看出，采用 Solo 共识算法和 Raft 共识算法，用户访问控制花费的时间大致相同。采用 Kafka 共识算法，用户访问控制花费的时间远远高于上述两种共识算法。这是因为 Kafka 共识算法依赖于外部的 Zookeeper 集群和 Kafka 系统集群，而 Orderer 节点需要将交易发送给 Kafka 集群进行排序之后才能生成新的区块。相比 Orderer 节点直接生成新区块的两种共识算法，部署 Kafka 共识算法的用户访问控制花费时间更长。另外，考虑到 Solo 共识算法只适用于小型测试网络，无法应用于多节点的大型网络中，因此，在搭建 Fabric 区块链访问控制原型系统时，选择 Raft 算法为 Peer 节点间的共识算法。

2. 评估不同区块大小对用户访问控制性能的影响

区块大小决定了一个区块中能够包含交易数量的多少，合适的区块大小设置能够提升用户访问控制的响应效率。区块大小设置越大，一个区块中包含的交易数量越多。图 3 - 11 为不同区块大小对用户访问控制总时间的影响。

从图 3 - 11 可以看出，区块大小设置为 1 时，用户访问控制花费的时间远高于其他 3 种区块大小设置（10、50 和 100）。这是因为当区块大小设置为 1 时，意味着区块链节点要为每一个交易生成一个新的区块。新区块的产生需要经过节点共识，并耗费一定的时间才能够完成，这降低了系统的访问控制响应效率。区块大小设置为 50 和 100 时，用户访问控制花费的时间几乎一致。在先前工作[75]中，讨论了区块大小设置对用户身份认证过程的影响。综合考虑区块大小对用户

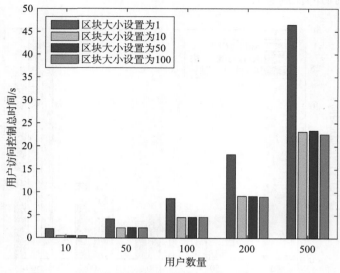

图3－11 不同区块大小对用户访问控制总时间的影响

身份认证过程和访问控制过程的影响，在后续的试验评估中将区块大小设置为50。

3.6.2.3 访问控制方法性能评估

在这一小节中，首先讨论用户数量和属性数量对本研究所提出的访问控制方法性能的影响，之后对本研究所提出访问控制方法中3种不同的访问控制过程（全访问控制过程、半访问控制过程和轻访问控制过程）进行性能评估。

图3－12和图3－13分别展示了不同属性数量的用户属性注册时间和访问策略注册时间。从图3－12中可以看出，随着用户属性数量的增加，用户属性注册时间呈现线性增长的趋势；同样，从图3－13中可以看出，访问策略中包含的属性数量越多，访问策略注册上链耗时越长。这是因为在用户属性注册过程和访问策略注册过程中，属性数量的增多会增加用户（管理员）与访问控制智能代理ACSA之间数据的加密、解密时间。属性越多，数据加密、解密耗时越长。从另一个方面来说，属性数量的多少也影响着数据存储上链的时间。属性数量越多，智能合约需要写入的数据量越大，消耗的时间也就越长。另外，本小节还分析了在用户属性注册和访问策略注册过程以及用户数量对访问控制方法的影响。从图3－12和图3－13中可以看出，平均用户属性注册时间和平均访问策略注册时间并没有随着用户数量的增长而增长。这说明，在用户属性注册和访问策略注册过程中，本研究所提出的访问控制方法能够适用于海量用户的接入场景中，访问控

制响应速度高效稳定。

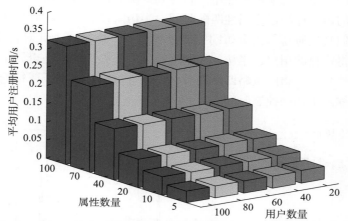

图 3 - 12　不同属性数量的平均用户注册时间和属性数量、用户数量

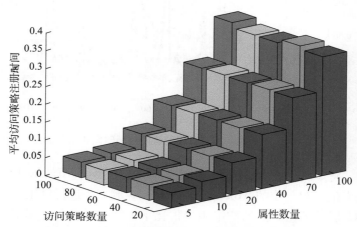

图 3 - 13　不同属性数量的平均访问策略注册时间和
访问策略数量、属性数量

　　随后，对本研究所提出的 3 种不同的访问控制过程（全访问控制过程、半访问控制过程和轻访问控制过程）的性能进行评估。

　　图 3 - 14 为 3 种不同访问控制过程的访问控制时间和用户数量。从图 3 - 14 中可以看出，本研究所提出的轻访问控制过程与其他两种访问控制过程（全访问控制过程和半访问控制过程）相比访问耗时更少。全访问控制过程在 3 种访问控

制过程中耗时最长，这是因为轻访问控制过程只需要验证已授权用户的环境属性是否符合访问策略，无须再验证用户属性和资源属性是否与访问策略匹配，减少了基于属性的访问控制过程属性匹配时间。半访问控制过程耗时虽然多于轻访问控制过程，但其耗时还是比全访问控制过程更少。这是因为针对自身未获授权、用户群组获得授权的用户，半访问控制过程只需要验证用户是否属于授权用户群组和环境属性是否与访问策略匹配即可，无须进行完整的基于属性的访问控制过程，这大大缩减了访问控制时间。

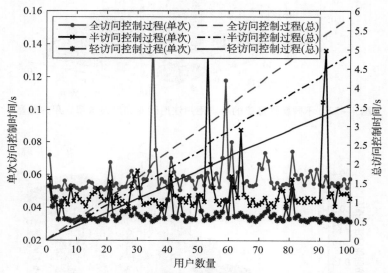

图 3－14　不同访问控制过程的访问控制时间和用户数量

接下来，将本研究提出的访问控制方法与文献［64］中的 ACL－Based 访问控制方法和文献［72］中的 ABAC－Based 访问控制方法进行对比。

图 3－15 展示了在不同的群组用户占比下 100 个用户的资源访问策略控制时间。

从图 3－15 中可以看出，在基于 ACL－Based 访问控制方法[64]中，一个用户对应一条访问策略。不管群组用户占比如何变化，基于 ACL－Based 访问控制方法的访问策略注册时间总体上保持不变。本研究提出的方法和文献［72］的方法都是基于属性的访问控制方法。在基于属性的访问控制方法中，一条访问策略对应属性相同的用户群组。因此，随着群组用户占比的增多，访问策略注册时间也逐渐增多。不同群组用户占比为 0 意味着 100 个用户均属于同一个用户群组，因此只需要在区块链中注册一条访问策略即可。当不同群组用户占比为 100% 时，三种方法的策略注册时间相同，这是因为不同群组用户占比

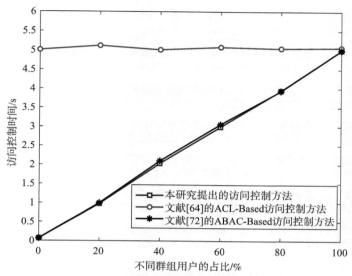

图 3 – 15　不同访问控制过程的访问控制时间和不同群组用户的占比

100% 意味着 100 个用户彼此都不属于相同的用户群组，因此在访问策略注册上链时，基于属性的访问控制方法与基于 ACL – Based 的访问控制方法一样，都需要注册 100 条访问策略。

　　另外，本节还比较了文献［64］、文献［72］提出的访问控制方法和本研究提出的访问控制方法在不同的用户分布方式下的访问控制时间。本研究一共设置了六种（$s_1 \sim s_6$）不同的用户分布场景，用 $\lambda_1 : \lambda_2 : \lambda_3$ 来表示 100 个用户不同的分布。其中 λ_1 表示轻访问控制过程用户占比，λ_2 表示半访问控制过程用户占比，λ_3 表示全访问控制过程用户占比。六种不同的用户分布场景分别表示为：$s_1 = 1 : 3 : 6$，$s_2 = 1 : 6 : 3$，$s_3 = 3 : 1 : 6$，$s_4 = 3 : 6 : 1$，$s_5 = 6 : 1 : 3$，$s_6 = 6 : 3 : 1$。图 3 – 16 展示了不同用户分布下 100 个用户的分布方式和用户访问控制时间。从图 3 – 16 中可以看出，文献［64］和文献［72］所提出的访问控制方法的用户访问控制时间不会随用户分布的改变而改变，而本研究提出的访问控制方法在六种用户分布场景下的访问控制时间都低于文献［64］和文献［72］两种访问控制方法。这是因为本研究所提出的访问控制方法为不同的访问用户部署了不同的访问控制流程，具体设置如下：①为已获资源访问授权的用户部署了轻访问控制过程；②为用户未获授权、群组已授权的用户部署了半访问控制过程；③为用户、群组均未授权的用户部署了全访问控制过程。这三种访问控制方法提升了访问控制效率，缩短了访问控制响应时间。

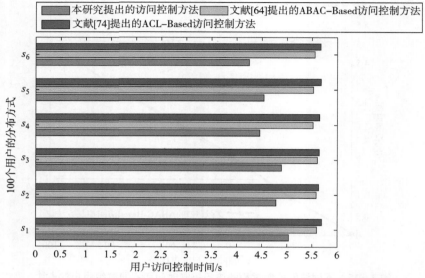

图 3 - 16　不同用户分布下 100 个用户的分布方式和访问控制时间

3.6.3　安全分析

在这一小节中，结合前文提出的攻击模型，分析本研究所提出的访问控制方法对恶意攻击的防范能力。

3.6.3.1　抵御共谋攻击

本研究提出的访问控制方法能够有效地抵御共谋攻击。这是因为在基于属性的访问控制过程中，与访问策略进行匹配的用户属性是由访问控制智能合约（ACSC）调用访问属性管理合约（AAMC）查询存储在区块链上的数据获得的，并非由用户直接提供的。这种方法在访问控制过程中，能够防止用户提供虚假的、未经注册的用户属性。另外，访问策略以密文的形式存储在区块链上，用户在进行用户属性注册前，无法获取具体的访问策略。这种以密文形式存储在区块链上的访问策略，能够有效地防止恶意攻击者在属性注册前串通用户属性，实现对共谋攻击的抵御。

3.6.3.2　抵御拒绝服务攻击

针对拒绝服务攻击，本研究提出的访问控制方法从以下两个方面进行有效的抵御。

（1）在用户属性注册、访问策略注册和访问控制过程中，引入随机数以提升用户与访问控制智能代理通信的安全性。通过对报文中随机数的比较，能够实现对用户身份的鉴别，进而抵御恶意用户发起的拒绝服务攻击。

（2）针对短时间内发送大量访问控制请求的行为，引入访问控制频率。若用户在一段时间内发送的访问控制请求数大于访问控制频率阈值，系统会将用户视为恶意用户并阻止其继续进行访问控制。

3.6.3.3　抵御重放攻击

本研究所提出的访问控制方法在用户和网关通信过程中使用双方协商的通信密钥进行加密，恶意攻击用户无法窃取双方传递数据包中包含的信息内容。另外，在通信报文中，还使用随机数来对每一次通信过程进行区分，恶意攻击用户进行重放攻击时难以获取正确的随机数，其访问控制请求会被访问控制代理拒绝响应。因此，本研究所提出的区块链赋能的基于属性的访问控制方法能有效地防范重放攻击。

3.6.3.4　抵御虚假身份攻击

在虚假身份攻击中，恶意用户通过创建一个虚假的合法用户身份来获取访问授权。在本研究提出的区块链赋能的基于属性的访问控制方法中，访问控制系统不仅需要对用户身份进行验证，还需要使用身份认证阶段协商的通信密钥对访问控制阶段的通信交互报文进行加密。恶意攻击用户只能对合法用户的身份进行模拟，但却难以获取合法用户与系统之间协商的通信密钥，故无法对后续的访问报文进行解密。因此，本研究所提出的访问控制方法通过对用户身份和认证凭据的双重确认，可以有效抵卸恶意攻击用户发起的虚假身份攻击。

3.7　小　　结

本研究从可信访问控制角度研究基于区块链可信协议架构的零信任网络高效访问控制方法，提出了一种零信任网络区块链赋能的基于属性的访问控制方法。

首先，定义了零信任网络基于属性的访问控制模型，并基于该模型设计了区块链赋能的访问控制方法。

其次，利用智能代理和智能合约在分布式网络场景中进行了访问控制方法的部署，对访问控制方法的具体流程进行了详细的介绍。另外，针对不同状态的用户设计了不同的访问控制过程，通过缩短用户访问控制流程，提升访问控制响应效率。

最后，搭建了基于 Hyperledger Fabric 的零信任访问控制原型系统，并对本研究所提出的访问控制方法进行了性能评估。

试验表明，本研究所提出的基于属性的访问控制方法能够对海量用户发起的访问控制请求做出持续、高效的访问控制响应。

第 **4** 章

可信恶意流量缓解方法

随着第六代移动通信技术（6G）研究的不断深入，天地一体化网络中的卫星网络安全受到越来越多的关注。由于卫星节点具有资源有限、链路动态切换的特点，因此，如何有效地降低卫星网络中的恶意攻击流量、提升卫星网络的安全能力成为研究的热点。本章从可信通信流量角度，借鉴可信协议设计思想，研究基于深度强化学习的恶意流量缓解问题。为了增强资源受限卫星网络的安全能力，介绍了一种基于深度强化学习的 DDoS 攻击缓解机制。本研究提出的基于深度强化学习的 DDoS 攻击缓解机制能够在不影响正常流量转发的前提下，实现恶意 DDoS 攻击流量的准确识别和阻断，提升卫星网络的安全能力。

4.1 引　　言

随着第六代移动通信技术研究的不断推进，天地一体化网络受到了越来越多的关注[79,80]。然而，与地面网络相比，卫星网络的链路、存储和计算资源是有限的[81]。因此，如何提高资源受限卫星网络的安全能力成为一个重要的研究方向。软件定义网络（SDN）通过将数据平面与控制平面分离，实现了数据转发功能与控制功能的解耦。SDN 架构不仅增强了网络的灵活性和可控性，而且实现了网络资源的综合高效利用[82]。因此，将 SDN 架构与卫星网络相结合的软件定义卫星网络（SDSN）成为一个新的发展趋势[83]。相比传统卫星网络，SDSN 具有网络全局视图，可以实现快速的网络态势感知，从而极大增强了网络的安全管控能力[84,85]。

分布式拒绝服务（Distributed Denial of Service，DDoS）攻击是当前网络（特别是资源有限的卫星网络）需要应对的主要安全威胁之一。该攻击会在短时间内向目标主机发送大量的无用请求，导致网络拥塞和目标主机资源耗尽[86]。在SDSN 中，DDoS 攻击产生的异常流量将占用卫星节点的处理资源，对正常流量的存储和转发产生很大的影响，这不仅降低了卫星网络的整体利用率，而且增加了卫星网络的能量消耗。因此，需要寻找一种智能的 DDoS 攻击缓解策略，在保证正常流量转发的同时抑制 DDoS 攻击产生的异常流量，从而提高卫星网络的安全性。

近年来，随着人工智能技术的迅速发展，机器学习（Machine Learning，ML）技术在网络安全中扮演着越来越重要的角色[87,88]。在 SDSN 中使用 ML 技术，可以充分发挥 SDN 的集中控制能力和 ML 的动态自适应能力[89,90]。通过神经网络进行建模，支持 ML 的 SDSN 可以实现对网络流量状态的动态感知，并实时调整恶意流量缓解策略。深度强化学习（Deep Reinforcement Learning，DRL）可以直接学习高维的原始数据信息[91]，并根据不同的状态进行决策，为 SDSN 网络中的DDoS 攻击缓解问题提供新的解决方案。

因此，本研究提出一种基于深度强化学习的 DDoS 攻击缓解策略，旨在降低网络中的恶意流量，增强网络的安全管控能力。具体而言，本研究提出了一个包含转发层、控制层、管理层和智能层的 DDoS 攻击缓解框架。基于该框架，本研究设计了一个基于 DRL 算法的 DDoS 攻击缓解机制，通过检测卫星网络入口处的攻击流量特征，实现卫星网络攻击流量的检测与缓解，从而显著降低因转发异常流量而造成的额外能耗。

4.2　可信通信流量研究

分布式拒绝服务（DDoS）攻击是网络需要应对的主要安全威胁之一[92]。攻击者短时间内向目标主机发送大量无用请求，导致网络拥塞和目标主机资源耗尽，给网络安全带来巨大挑战[93,94]。如何在资源受限的卫星网络中设计一种DDoS 攻击流量缓解机制，实现对 DDoS 攻击的快速检测与缓解，成为可信通信流量的研究重点之一。

目前，许多关于 DDoS 攻击缓解的研究聚焦于新型网络框架或机制设计，通过设计一种新的网络体系结构或机制，实现 DDoS 攻击的有效缓解。

Rashidi 等[95]基于网络功能虚拟化（Network Functions Virtualization，NFV）技术提出了一种用于域间网络的 DDoS 协同防御机制。该机制将 DDoS 防御能力以 NFV 的形式在网络中进行部署，通过网络资源和安全功能共享机制，在域间网络相互协作处理大量 DDoS 攻击。

Yan 等[96]提出了一种能够抵御工业物联网 DDoS 攻击的多层次 DDoS 攻击缓解框架。该框架将网络划分成边缘计算层、雾计算层和云计算层，通过不同网络层安全功能之间的高效协作，实现网络中 DDoS 攻击的高效缓解。另外，Liaskos 等[97]提出一种针对分布式链路攻击的分析建模和优化缓解框架，实现分布式链路攻击的高效缓解。

Sahay 等[98]设计了一种 DDoS 攻击自主防御框架。Sahay 等设计的框架利用软件定义网络的可编程性和集中管控能力，弥合不同安全功能之间的差距，通过合理的安全功能的分配调度，实现 DDoS 攻击的缓解。

在云服务场景中，Somani 等[99]设计了一个能够显著减少攻击缓解时间和系统宕机时间的 DDoS 攻击缓解框架。该框架使用基于亲和度的受害服务调整算法来提供安全性能隔离，使用 TCP 调优技术对攻击连接进行快速丢弃，显著提升云服务场景中 DDoS 攻击缓解服务的性能。

另外，Wong 等使用传统的数学统计方法[100,101]或机器学习方法[102,103]学习 DDoS 攻击流量特征，实现 DDoS 攻击的缓解。随着机器学习技术的兴起，越来越多的学者致力于使用机器学习方法来缓解 DDoS 攻击。

在雾计算场景中，Priyadarshini 等[102]设计了一个基于深度学习的模型来保护网络免遭 DDoS 攻击。Priyadarshini 等设计的模型部署在软件定义架构的雾网络中，能够阻止恶意数据流量传播到云服务器，避免整个雾网络受到 DDoS 攻击的影响。

Rahman 等[103]使用几种机器学习技术来检测和阻断 SDN 网络中的 DDoS 攻击，如 J48 算法、随机森林（Random Forest，RF）算法、支持向量机（Support Vector Machine，SVM）和 K 近邻算法。试验结果表明，在使用 J48 算法的情况下，DDoS 攻击检测模型的性能优于其他算法，能够实现 DDoS 攻击的快速检测和阻断。

在运营商网络中，Tuan 等[104]针对 TCP - SYN 和 ICMP 泛洪攻击，提出一种基于 K 近邻和 XGBoost 算法的 DDoS 攻击缓解方法。该方法能够在不影响正常流量的情况下，实现 DDoS 攻击的有效缓解。同样，在运营商网络中，Lima 等[105]提出了一个在线检测 DDoS 攻击的智能检测系统。该系统基于 sFlow 协议获取网络流量样本，使用随机森林算法对 DDoS 流量进行分类和检测，以较低的成本实现 DDoS 攻击的高效、准确检测。

在软件定义网络中，针对难以检测的低速率 DDoS 攻击，Perez - Diaz 等[106]

设计了一种集成多机器学习模型的 DDoS 检测架构，该架构利用多个模型实现低速率 DDoS 攻击的快速检测和有效缓解。

上述针对 DDoS 攻击的缓解策略大多应用于地面网络场景中，无法直接应用于时变的卫星网络场景。

针对大规模 DDoS 攻击流量特点，Di 等[107]对天地一体化网络面临的安全威胁进行讨论，给出了未来天地一体化网络安全研究方向的展望。Usman 等[108]提出了一个在卫星网络中缓解 DDoS 攻击的解决方案。通过对网络正常运行情况的检测，Usman 等提出的方案能够基于网络中的 ICMP 响应请求的平均数量实现DDoS 攻击的缓解。

针对天地一体化网络中的 TCP 和 HTTP 泛洪 DDoS 攻击，Shaaban 等[109]提出了一种 DDoS 攻击分析与检测方法，实现 DDoS 攻击的快速检测和缓解。Koroniotis 等[110]提出了一种基于深度学习的取证框架，实现对智能卫星网络中DDoS 攻击的检测和追踪。Koroniotis 等提出的方法与传统取证工具相比较，能够更有效地对网络攻击进行追踪和发现。Min 等[111]将优化的深度学习模型与 SVM算法相结合，提出了一种基于 SDN 网络架构的卫星网络 DDoS 攻击检测方法。

表 4 - 1 给出上述可信通信流量相关工作的比较。相比之下，本研究围绕可信通信流量展开研究，提出用于软件定义卫星网络的基于深度强化学习的 DDoS攻击缓解策略，实现了对卫星网络 DDoS 攻击的检测与缓解，确保网络中的通信流量的安全信能。

表 4 - 1　可信通信流量相关工作的比较

相关研究	应用场景	DDoS 攻击缓解方法	动态网络拓扑
Rashidi 等[95]	地面网络	新型防御机制	未考虑
Yan 等[96]，Liaskos 等[97]，Sahay 等[98]，Somani 等[99]		新型网络框架	未考虑
Wang 等[100,101]	地面网络	数学统计方法	未考虑
Priyadarshini 等[102]		深度学习模型	未考虑
Rahman 等[103]，Tuan 等[104]，Lima 等[105]，Perez - Diaz 等[106]		机器学习模型	未考虑
Usman 等[108]	星网络天地一体化网络卫星网络	数学统计方法	未考虑
Shaaban 等[109]		数学统计方法	未考虑
Koroniotis 等[110]，Min 等[111]		深度学习模型	未考虑

4.3　软件定义卫星网络框架

　　本研究提出一个旨在降低软件定义卫星网络中的 DDoS 攻击、提升网络安全管控能力的软件定义卫星网络框架。图 4-1 展示了本研究所提出的软件定义卫星网络框架。该框架由转发层、控制层、管理层和智能层组成。

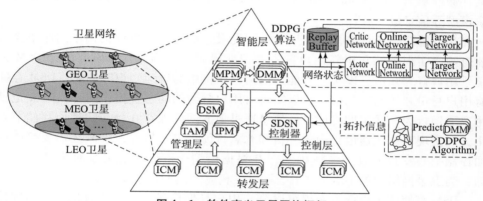

图 4-1　软件定义卫星网络框架

　　（1）转发层和控制层主要负责数据包的转发和控制，通过 SDN 技术实现对网络的集中控制。

　　（2）管理层负责监控和管理网络状态，包括对网络拓扑、链路状态、带宽利用率等进行监测和管理。

　　（3）智能层负责实现 DDoS 攻击缓解策略的制订和部署，通过使用深度强化学习等人工智能技术，对卫星网络中的恶意流量进行检测和缓解，提高网络的安全性能和可靠性。

　　受文献［112］中卫星节点分层划分思想的启发，本研究将软件定义卫星网络中的卫星节点分成 GEO（Geostationary Earth Orbit）卫星、MEO（Medium Earth Orbit）卫星和 LEO（Low Earth Orbit）卫星 3 类。根据卫星节点在软件定义卫星网络中行使功能的不同，将上述 3 种卫星节点划分到具有 4 层结构的软件定义卫星网络 DDoS 攻击缓解框架中。

　　在本研究所提出的框架中，MEO 卫星和 LEO 卫星属于转发层的网络实体，主要负责数据包的存储和转发；GEO 卫星则对应控制层、管理层和智能层的网络实体，通过动态感知网络流量状态，生成和部署 DDoS 攻击缓解策略，实现对卫星网络的智能化管理和控制。

在本研究所提出的框架的每一层的网络实体中，部署了许多不同功能的模块。在转发层中，信息收集模块（Information Collection Module，ICM）负责收集卫星节点的链路状态、节点负载和节点能耗等相关信息。

在管理层中，拓扑感知模块（Topology Awareness Module，TAM）从信息收集模块收集的信息中感知当时的卫星网络拓扑结构，信息处理模块（Information Processing Module，IPM）则将所有收集到的卫星网络状态汇总成高维张量，供智能层中的模块制订相应的缓解策略。另外，管理层还部署了数据存储模块（Data Storage Module，DSM），用于对用户数据以及 DDoS 攻击缓解模型等信息进行存储。

在卫星网络场景中，由于星上资源受限，部署可信协议架构中的区块链智能合约以实现存储和更新用户行为知识变得困难。为此，本研究设计 DSM 来记录用户行为知识，以实现智能通信网络架构中的行为知识库功能。DSM 存储有用户身份和访问控制信息，以实现对用户行为的动态管控；同时，DSM 记录用户通信行为，并定期将记录的信息通过地面网关保存在分布式地面存储节点中，以实现对用户通信行为的分析和恶意行为预警。另外，DSM 还需要接收地面控制中心发布的攻击缓解模型，并根据模型—拓扑映射关系对模型进行存储，为卫星网络中的 DDoS 攻击缓解提供相应的模型信息支撑。

DSM 存储的用户行为知识可以分为用户身份信息、用户信誉信息、访问控制信息、缓解模型信息和通信行为信息，表 4-2 展示了 DSM 存储的用户行为知识的数据结构。

表 4-2　用户行为知识的数据结构

用户行为知识	名称	描述	数据类型
用户身份信息	u_i	用户身份	字符型
	U_{id}	用户标识	字符型
用户信誉信息	R_g	用户全局信誉	浮点型
	R_i	用户身份信誉	浮点型
	R_a	访问行为信誉	浮点型
	R_c	通信行为信誉	浮点型
访问控制信息	P_k	访问控制策略	字符型
	R_{ac}	访问控制结果	字符型

续表

用户行为知识	名称	描述	数据类型
缓解模型信息	M_{T-D}	拓扑—模型映射	字符型
	T_{id}	卫星拓扑名称	字符型
	T_p	卫星拓扑参数	字符型
	D_{id}	缓解模型名称	字符型
	D_p	缓解模型参数	字符型
通信行为信息	IP_{src}	源地址	字符型
	IP_{dst}	目的地址	字符型
	$Port_{src}$	源端口号	字符型
	$Port_{dst}$	目的端口号	字符型
	P	协议号	字符型
	…	…	…
	TTL	生存时间值	字符型

智能层主要包含模型预测模块（Model Prediction Module，MPM）和 DDoS 攻击缓解模型（DDoS Mitigation Model，DMM）。MPM 根据 TAM 上传的实时卫星网络拓扑信息，选择适用于当前时间和场景的 DDoS 攻击缓解神经网络模型。DMM 则是 MPM 所选择的神经网络模型的具体体现，DMM 根据管理层上传的网络状态信息，制订具体的 DDoS 攻击缓解策略。另外，控制层的 SDSN 控制器负责接收智能层的缓解策略，将其转化为软件定义卫星网络交换机可执行的具体指令，并发送给转发层的各个卫星节点。

图 4-1 右侧给出了一个具体示例来说明 MPM 和 DMM 之间的工作机制。当 MPM 接收到从管理层上传的拓扑信息后，它会在 DSM 中查询对应当前卫星网络拓扑的 DDPG 神经网络模型。DMM 中的 DDPG 算法可以根据采集到的网络状态信息制订具体的 DDoS 攻击缓解策略，并通过北向接口传递给 SDSN 控制器。下一节将详细阐述 DDPG 算法的具体细节。

4.4　基于 DRL 的 DDoS 攻击缓解机制

本节从 3 个方面介绍基于 DRL 的 DDoS 攻击缓解机制：①本研究提出了一个基于软件定义卫星网络框架的 DDoS 攻击缓解机制；②介绍 DDoS 攻击缓解模型

中采用的深度强化学习算法；③介绍本研究所提出的 DDoS 攻击缓解机制在卫星网络中的具体部署细节。

4.4.1　DDoS 攻击缓解机制

近年来，机器学习技术在网络安全中发挥着越来越重要的作用。特别是在卫星网络中，机器学习技术与卫星网络的结合受到了越来越多的关注。基于如图 4 - 1 所示的软件定义卫星网络框架，本研究提出卫星网络 DDoS 攻击缓解机制，如图 4 - 2 所示。该机制可以分为 3 个阶段：监测阶段、攻击确认阶段和攻击缓解阶段。

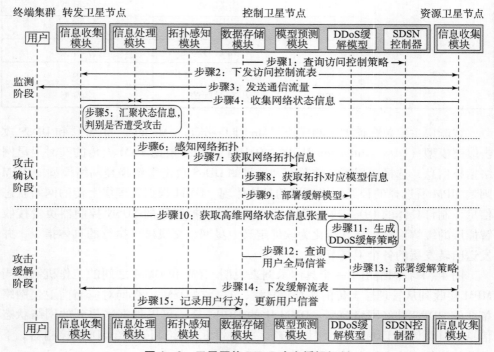

图 4 - 2　卫星网络 DDoS 攻击缓解机制

1. 监测阶段

在监测阶段，转发层的信息收集模块将卫星网络的状态，如卫星负载、链路负载、节点资源利用率和能耗等信息，发送给信息处理模块。信息处理模块根据收集到的信息对卫星网络或节点是否受到攻击进行判断；如果信息处理模块检测到卫星网络可能受到攻击，DDoS 攻击缓解机制就会进入攻击确认阶段；否则，卫星网络将则继续处于监测阶段，直到检测到可能的攻击流量出现。通过这种监测机制，可以及时发现潜在的攻击威胁，为后续的攻击缓解提供更有力的支持。监测阶段的具体实现可以分为以下步骤：

　　步骤 1：SDSN 控制器向数据存储模块查询访问控制策略，将访问控制策略转换为转发层能够部署的流表信息。

　　步骤 2：SDSN 控制器将访问控制流表下发至各个行使转发功能的转发节点中，确保卫星网络中的数据转发符合访问控制策略。

　　步骤 3：用户向卫星网络中的卫星节点发送通信流量，进行数据交换和传输。

　　步骤 4：信息收集模块收集用户发送通信流量过程中的网络状态信息，并将网络状态信息发送给控制卫星节点的信息处理模块进行状态信息聚合。

　　步骤 5：信息处理模块将得到的网络状态信息进行汇聚，并根据聚合的网络状态信息判断卫星网络（节点）是否受到 DDoS 攻击。若判别卫星网络（节点）受到攻击，则进入攻击确认阶段；否则，继续收集网络状态信息，不断检测卫星网络状态，以便及时发现潜在的攻击威胁。

2. 攻击确认阶段

　　在攻击确认阶段，信息处理模块根据信息收集模块获取的网络状态信息和拓扑感知模块感知的网络拓扑信息，在 SDSN 网络中定位被攻击的卫星，并部署 DDoS 攻击检测模型。攻击确认阶段的具体步骤如下：

　　步骤 6：拓扑感知模块根据信息处理模块聚合的网络状态信息，感知网络拓扑信息，以便更好地定位被攻击的卫星。

　　步骤 7：模型预测模块获取网络拓扑信息，并根据当前的网络状态选取适用于当前时刻的攻击缓解模型。

　　步骤 8：模型预测模块根据网络拓扑信息查询存储在数据存储模块中的攻击缓解模型，以便进一步对 DDoS 攻击流量进行缓解。

　　步骤 9：模型预测模块将当前时刻拓扑信息的 DDoS 攻击缓解模型部署在卫星网络中，用于进行攻击缓解阶段的 DDoS 攻击缓解。

　　通过上述步骤，DDoS 攻击缓解机制能够及时、准确地定位被攻击的卫星，并针对当前网络状态选取最优的攻击缓解模型进行部署，从而提高卫星网络的安全性和可靠性。

3. 攻击缓解阶段

　　攻击缓解阶段分为两部分：第一部分是 DDoS 攻击缓解模型根据网络状态信息生成 DDoS 攻击缓解策略；第二部分是 SDSN 控制器将缓解策略转换为低级策略，以流表的形式部署缓解策略。攻击缓解阶段的具体步骤如下：

步骤 10：信息处理模块将收集到的关于该拓扑下潜在攻击节点的所有信息进行汇总，并将其聚合成一个高维状态信息张量，用于 DDoS 攻击缓解模型生成缓解策略。

步骤 11：DDoS 攻击缓解模型根据高维网络状态信息张量生成应用于各个卫星网络接入网关的 DDoS 攻击缓解策略。在此过程中，DDoS 攻击缓解模型将根据攻击缓解模型制订相应的缓解策略，对 DDoS 攻击流量进行缓解和阻断。

步骤 12：DDoS 攻击缓解模型向数据存储模块查询用户全局信誉 R_g，以优化生成的 DDoS 攻击缓解策略，提高攻击缓解的效果。

步骤 13：DDoS 攻击缓解模型将缓解策略发送给 SDSN 控制器，并生成缓解流表。

步骤 14：SDSN 控制器将缓解流表下发至转发层的卫星接入网关中，用于对网络中的 DDoS 攻击引起的异常流量进行缓解。

步骤 15：信息处理模块将用户行为信息存储在数据存储模块中，同时更新通信行为信誉。至此，攻击缓解阶段结束，DDoS 攻击缓解机制将再次进入监测阶段，持续监控卫星网络的异常情况，以便及时发现和缓解新的 DDoS 攻击流量。

在流量缓解阶段，用户的全局信誉 R_g 主要由用户的通信行为信誉更新计算得到。通信行为信誉 R_c 作为全局信誉 R_g 的组成部分，可以通过评估用户的通信行为，从而更好地对用户行为进行管控，提升用户动态管控能力。

当前时刻用户的通信行为信誉 R_c 的计算公式如下：

$$R_c = \sum_{z=1}^{Z} \left(\gamma_z * \frac{S_c^z + 1}{S_c^z + \vartheta_c \cdot F_c^z + 2} \right) \qquad (4-1)$$

式中：Z 为用户子通信行为的总数量；S_c^z 和 F_c^z 分别为用户通信过程中的子通信行为的积极行为和消极行为，以用户发送数据包行为举例，SP_n（发送正常数据包数量）和 SP_m（发送异常数据包数量）分别为子通信行为中的积极行为和消极行为；γ_z 为通信行为中每个子行为的权重因子；ϑ_c 为通信行为的惩罚因子，$\vartheta_c \geq 1$。

通信行为信誉 R_c 的更新公式如下：

$$R_c(t) = \rho \cdot R_c(t-1) + (1-\rho) \cdot R_c'(t) \qquad (4-2)$$

式中：$R_c(t-1)$ 为上一时刻通信行为信誉值；$R_c'(t)$ 为当前时刻的通信行为信誉值；ρ 为上一时刻信誉值在更新信誉值中的占比，$0 \leq \rho \leq 1$。

4.4.2　深度强化学习算法

深度强化学习算法是一种结合了深度学习和强化学习的机器学习算法。它通过融合深度学习的感知能力和强化学习的决策能力，能够解决连续的决策问题。由于其在解决连续决策问题方面的表现优异，深度强化学习变得越来越流行。

DDPG 算法[113]是一种深度强化学习算法，它的框架如图 4 - 1 的右半部分所示。相比其他深度强化学习算法，如深度 Q 学习（Deep Q - learning）算法和 SARSA（State Action Reward State Action）算法，DDPG 算法能够在连续的动作空间上进行决策，因此非常适用于生成 SDSN 网络中的 DDoS 攻击的缓解策略。

DDPG 算法是一种结合了 Actor - Critic 架构和 Deep Q - Network（DQN）算法的深度强化学习算法。

在 DDPG 算法中，神经网络分为两部分：Actor 网络和 Critic 网络。Actor 网络用于调整策略参数；Critic 网络则根据时差误差对 Actor 网络所评价的策略函数进行评价。与其他深度强化学习算法不同的是，DDPG 算法基于 DQN 算法的思想，将 Actor 网络和 Critic 网络都分为在线网络和目标网络。在 DDPG 算法中，Critic 网络由目标网络 $Q'(s, \mu'(s|\theta^{\mu'})|\theta^{Q'})$ 和在线网络 $Q(s, a|\theta^{Q})$ 组成。Actor 网络则由目标网络 $\mu'(s|\theta^{\mu'})$ 和在线网络 $\mu(s|\theta^{\mu})$ 组成。其中，s、a、r 分别代表状态、行动和奖励。Q^{ξ} 代表网络 ξ 的权重，ξ 可以是 $\theta^{\mu'}$、$\theta^{Q'}$、θ^{Q} 或 θ^{μ}。除此之外，DDPG 算法还使用了经验重放机制。这种机制可以通过探索策略收集环境中的状态转换样本，并将样本存储在重放缓冲区中。在随后的每次更新中，从重放缓冲区中统一采样小批样本，这种方法可以有效地提高数据的利用率，打破数据之间的关联，从而避免过度拟合以提高算法的稳定性。

在 DDPG 算法中，各个神经网络中参数的更新和计算流程如图 4 - 3 所示。

下面分别介绍不同神经网络中的参数更新过程，以便更好地理解其工作原理。

1. 在线 Critic 网络

在线 Critic 网络 $Q(s, a|\theta^{Q})$ 根据目标 Critic 网络 $Q'(s, \mu'(s|\theta^{\mu'})|\theta^{Q'})$ 输入的目标价值参数 Q' 和奖励 r_i 计算目标函数 y_i，计算公式如下：

$$y_i = r_i + Q'(s_{i+1}, \mu'(s_{i+1}|\theta^{\mu'})|\theta^{Q'}) \tag{4-3}$$

随后，在线 Critic 网络 $Q(s, a|\theta^{Q})$ 内部的优化器采用 TD Error 方式，通过网络内部动作状态参数 $Q(s_i, a_i|\theta^{Q})$ 和目标函数 y_i 计算损失函数 L，计算公式如下：

$$L = \frac{1}{N} \sum_i (y_i - Q(s_i, a_i|\theta^{Q}))^2 \tag{4-4}$$

优化器通过最小化损失函数对在线 Critic 网络 $Q(s, a|\theta^{Q})$ 的参数 θ^{Q} 进行更新。

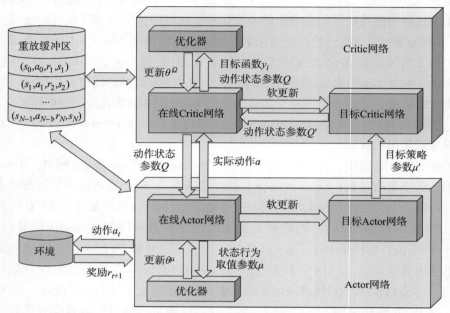

图 4 - 3   DDPG 算法中各个神经网络参数的更新和计算流程

2. 在线 Actor 网络

在线 Actor 网络 $\mu(s|\theta^\mu)$ 接收在线 Critic 网络输入的动作状态参数 $Q(s, a|\theta^\Omega)$，由内部的优化器根据此参数和网络内部的当前状态行为取值参数 $\mu(s|\theta^\mu)$，依据确定性策略原理计算策略梯度，并更新其神经网络的训练参数 θ^μ。其中，确定性策略公式如下：

$$\nabla_{\theta\mu}\mu|s_i = \frac{1}{N}\sum_i \nabla_a Q(s,a|\theta^\Omega)|_{s=s_i,a=\mu(s_i)}\nabla_{\theta\mu}\mu(s|\theta^\mu)|_{s=s_t} \tag{4-5}$$

3. 目标 Actor 网络

目标 Actor 网络 $\mu'(s|\theta^{\mu'})$ 根据在线 Actor 网络 $\mu(s|\theta^\mu)$ 训练参数 θ^μ 按照滑动平均方式对其神经网络参数 $\theta^{\mu'}$ 进行软更新，更新公式如下：

$$\theta^{\mu'} \leftarrow \tau\theta^\mu + (1-\tau)\theta^{\mu'} \tag{4-6}$$

同时，目标网络 $\mu'(s|\theta^{\mu'})$ 根据下一状态 s_{t+1} 和网络参数 $\theta^{\mu'}$ 得到目标策略参数 $\mu'(s_{i+1}|\theta^{\mu'})$，并向目标 Critic 网络输出，用于计算目标价值参数 Q'。

4. 目标 Critic 网络

目标 Critic 网络 $Q'(s, \mu'(s|\theta^{\mu'})|\theta^\Omega)$ 根据目标 Actor 网络输入的参数 $\mu'(s_{i+1}|\theta^{\mu'})$、下一状态 s_{t+1} 和目标 Critic 网络参数 $\theta^{\mu'}$，计算目标价值参数 Q'，

得到 $Q'(s_{i+1}, \mu'(s_{i+1}|\theta^{\mu'})|\theta^{\Omega'})$，并将该参数作为在线 Critic 网络的输入。

同时，目标 Critic 网络接收在线 Critic 网络的参数 θ^{Ω}，按照滑动平均方式对其神经网络参数 $\theta^{\Omega'}$ 进行软更新，更新公式如下：

$$\theta^{\Omega'} \leftarrow \tau\theta^{\Omega} + (1-\tau)\theta^{\Omega'} \tag{4-7}$$

为了建立基于 DDPG 算法的 DDoS 攻击缓解模型，将卫星网络的流量状态作为 DDPG 算法的输入，将 DDoS 攻击缓解策略作为 DDPG 算法的输出。DDPG 算法的设置如下：

（1）状态 s：状态 s 是一个具有高维特征的状态信息张量，由管理层的信息处理模块上传。卫星网络在时间 t 的状态可以表示为 s_t。

（2）动作 a：动作 a 表示部署在智能层的 DMM 在时间 t 所做出的缓解策略。缓解策略表示从边界卫星网关到被攻击卫星节点的流量的缓解程度。缓解策略是由 0 和 1 的数字组成的矩阵，其中 0 表示流量被完全丢弃，1 表示流量被完全允许通过。部署在控制层的控制器接收到由 DMM 生成的缓解策略后，SDSN 控制器生成一个可执行的动作，并将其发送给卫星节点。卫星节点执行动作后，网络的状态从转移 s_t 到 s_{t+1}。

（3）奖励 r：奖励 r 表示当网络处于状态 s_t 时执行缓解策略后所得到的奖励值。在本节中，奖励 r 用于评估 DDoS 攻击缓解策略的有效性。奖励 r 表示 DDoS 攻击缓解策略消除异常流量后攻击节点或整个卫星网络中正常流量的比例，可以用公式（4-8）来计算奖励 r：

$$r = \begin{cases} -1, & l_t > u_{\max} \text{ 或 } l_t \leq u_{\max}, \ \lambda_\alpha < \eta\varepsilon_\alpha \\ \lambda_\alpha - \varepsilon_\alpha, & \text{其他} \end{cases} \tag{4-8}$$

式中：l_t 为卫星节点或整个卫星网络在时间 t 时的负载；$u_{\max}$ 为卫星节点或卫星网络正常情况下可以提供服务的最大负荷；ε_α 为在缓解策略执行前，SDSN 网络中包含的正常流量的百分比或到达被攻击卫星节点的正常流量的百分比；λ_α 为实施缓解策略后，网络中正常流量的比例或到达被攻击卫星的正常流量的比例。

为了使训练后的模型做出对正常流量影响最小的缓解策略，在模型训练阶段设置参数 η 来修正模型。η 是一个从 0~1 的常数，可以由网络管理员设置。当 λ_α 小于 ε_α 时，认为本轮模型的训练方向是错误的，奖励值为 -1。

DDoS 攻击缓解模型以上述的奖励公式作为优化目标来缓解 DDoS 攻击。如果当前网络负载或节点负载 l_t 大于所能容忍的最大负载边界 $u_{\max}$，则奖励值为 -1。这意味着 DDoS 攻击缓解模型应尽量避免出现网络或卫星无法提供正常服务的情况。如果当前负载 l_t 小于最大负载边界 $u_{\max}$，且 λ_α 小于 $\eta\varepsilon_\alpha$ 时，则奖励值也为 -1。这意味着 DDoS 攻击缓解模型做出的策略应尽可能地减少对正常流量的影响，避免出现缓解策略对正常流量的影响过大，导致正常流量比例急剧下降的情况。除以上两种情况，DDoS 攻击缓解模型需要持续优化，以缓解 DDoS 攻击并提高网络中正常流量的比例。

在 DDPG 算法中，神经网络的结构、学习率以及 Actor – Critic 网络的更新率对 DDPG 算法的性能有很大的影响，从而也会影响 DDoS 攻击缓解模型的性能，所以，在后续的研究中，需要对以上 3 个参数进行评估，以构建具有更好性能的 DDoS 攻击缓解模型。通过不断地调整这些参数，可以找到最优的模型参数组合，使 DDoS 攻击缓解模型能够更准确地缓解 DDoS 攻击，从而提高卫星网络的安全性和可靠性。

4.4.3　缓解策略部署细节

由于卫星网络不同于传统的地面网络，在 SDSN 网络中部署缓解策略还需要额外考虑一些问题。在本小节中，将介绍在 SDSN 网络中部署 DDoS 攻击缓解策略的一些细节。图 4 – 4 为一个在 SDSN 网络中部署 DDoS 攻击缓解策略的示例。

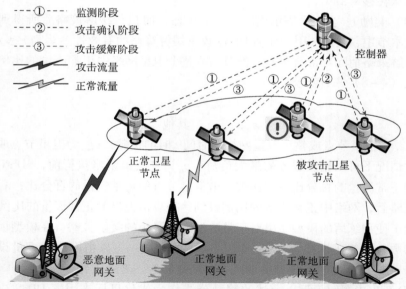

图 4 – 4　在 SDSN 网络中部署 DDoS 攻击缓解策略示例

首先，在 SDSN 网络中，可以利用控制器的全局视图，将 DDoS 攻击缓解策略的相关模块和 SDSN 网络的控制器部署在同一个卫星节点上。这种部署方式既可以节省卫星间模块通信带来的额外费用，又可以使 DDoS 攻击缓解模块根据网络状态进行快速决策，提高缓解策略的响应速度。为了更好地利用卫星网络的资源，在部署控制器及相关模块的卫星时，应尽量选择与 SDSN 网络中其他卫星建立长期的卫星间链路。这种部署方式可以使控制器及相关模块随时获取卫星网络的状态，并能根据网络状态做出决策，提高 SDSN 网络的安全性。

其次，虽然卫星网络的安全级别高于地面网络，但仍会受到攻击。一旦卫星网络受到攻击，造成的损失将特别巨大。考虑到现有地面网络大多通过地面网关与卫星网络进行通信，而卫星网络不具备类似于地面网络的完整安全机制。如果地面网关被攻击者控制，卫星网络的安全性将大大降低。因此，本研究提出的DDoS 攻击缓解策略作用于卫星网络的边缘卫星节点，通过缓解边界卫星节点上进入卫星网络的异常流量，提高卫星网络的安全性。

最后，现有地面网络中的 DDoS 攻击缓解策略大多是基于数据包级流量的。然而，由于卫星网络具有许多不同于传统地面网络的特点，使用数据包级流量的DDoS 攻击缓解策略会带来以下问题：

（1）基于数据包级流量收集到的数据量巨大，不仅不利于网络状态信息在模块之间的传输，也不利于卫星节点基于网络状态信息做出快速决策。

（2）由于卫星网络中的处理资源非常稀缺，处理海量的数据包级流量对卫星节点来说是一笔巨大的费用，因此，在卫星网络中采用数据包级流量的缓解策略并不现实。为了解决这些问题，需要寻找一种新的方法来收集 SDSN 网络中边界卫星的网络状态信息。与数据包级流量采集方法相比，数据流级别的流量采集方法可以在保留网络流量特性的前提下，大大减少所采集的数据量，因此，在DDoS 攻击缓解策略中对流级别的流量进行缓解是一种较好的方法。通过对数据流进行分析和处理，可以更准确地识别和缓解 DDoS 攻击；同时，也可以减少数据量，提高网络状态信息在模块之间的传输效率，使卫星节点能够更快地做出决策，提高缓解策略的响应速度。

4.5　缓解策略评估设计

在本节中，从 SDSN 网络和恶意攻击流量介绍 DDoS 攻击缓解策略评估试验。

4.5.1　SDSN 网络设计

为了使缓解策略评估更具有代表性和普遍性，选择文献［114］中的卫星星座来设计 SDSN 网络。该卫星网络由 66 颗低地球轨道卫星、10 颗中地球轨道卫星和 3 颗地球同步轨道卫星组成。其中，3 颗 GEO 卫星部署在同一卫星轨道上，而 MEO 卫星部署在两个不同的轨道上，每个轨道上部署 5 颗 MEO 卫星。另外，低地球轨道卫星部署在 6 个轨道上，每个轨道上部署了 11 颗低地球轨道卫星。详细的卫星网络星座参数如表 4-3 所示。

表 4-3　卫星网络星座参数

轨道	轨道高度/km	轨道倾角/(°)	卫星数量/颗
GEO	36 000	0	1×3
MEO	10 390	45	2×5
LEO	780	90	6×11

根据表 4-3 所示的卫星网络基本参数，使用 STK (Satellite Tool Kit) 对 SDSN 网络进行仿真[115]。仿真涵盖了 69 颗卫星 24 小时内的运动情况，卫星网络中的连接情况如图 4-5 所示。基于 STK 生成的报告，获得一些关键数据，如能见度、相对距离、卫星之间的相对位置等，这些数据将被用于后续的性能评估试验。

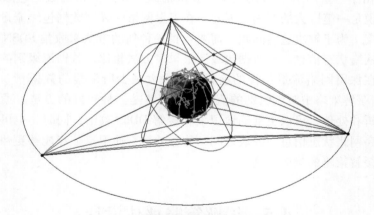

图 4-5　SDSN 网络中的卫星连接情况

本研究的评估试验选取了 12 颗卫星进行 DDoS 攻击缓解机制的评估，其中包括 1 颗 GEO 卫星、2 颗 MEO 卫星和 6 颗 LEO 卫星。在 SDSN 网络中，GEO 卫星覆盖范围广，能够与 LEO 卫星和 MEO 卫星建立长期的星间链路，因此，SDSN 网络中的控制器可以部署在 GEO 卫星上。LEO 卫星和 MEO 卫星则作为 SDSN 网络中的转发器，执行存储和转发功能。除此之外，本研究的评估试验还设计了 10 个地面站和 1 个服务节点。地面站连接 LEO 节点向卫星网络发送恶意 DDoS 攻击流量和正常流量，而卫星服务节点则是被攻击的节点。整个评估试验的拓扑结构如图 4 – 6 所示。需要注意的是，GEO 卫星节点在此次评估试验中只承担控制功能，不参与数据流量的转发，故在试验拓扑结构图中不进行展示。

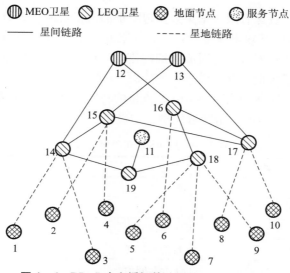

图 4 – 6　DDoS 攻击缓解策略评估试验拓扑结构

　　在 DDoS 攻击缓解策略评估场景中，对卫星节点进行了编号（图 4 – 6）。其中，编号 1 ~ 编号 11 的节点是连接 SDSN 网络的地面节点，编号 12 和编号 13 则是 MEO 卫星节点。另外，编号 14 ~ 编号 19 则是 6 个低地轨道卫星节点，它们作为卫星网络的接入网关。在这个场景中，编号 11 的节点是服务节点，为其他地面节点提供服务。而编号 1 ~ 编号 10 的地面节点则通过低地球轨道卫星节点连接到卫星网络，并通过卫星网络向编号 11 的服务节点发送流量。需要注意的是，在评估试验中，卫星网络只承载编号 1 ~ 编号 10 号地面节点与编号 11 号服务器节点之间的通信流量。

　　DDoS 攻击缓解策略模型部署在 GEO 卫星节点和服务节点 11 上。在服务节点 11 上，该模型会收集来自地面节点 1 ~ 节点 10 的流量，并进行流量识别。当确认服务节点遭受了来自地面节点的 DDoS 攻击时，DDoS 攻击缓解机制会立即进入攻击缓解阶段。具体而言，该策略模型会在卫星网络的接入网关处缓解 DDoS 攻击，从而减少进入卫星网络的 DDoS 流量，这不仅可以避免 DDoS 攻击流量对服务节点造成的后续攻击，还能减少 DDoS 攻击流量对卫星网络的网关所产生的额外能耗。

4.5.2 DDoS 攻击特征选取

由于卫星节点资源有限，采集数据包级别的流量可能导致数据量过大，难以快速分析和区分 DDoS 攻击流量，因此，在服务节点 11 中，选择对地面节点发往服务节点的流量进行聚合，并对流级别的流量进行分析。这种流量特征的聚合可以将收集的数据量降低，并有助于快速应对 DDoS 攻击。

根据 CICDDoS2019 数据集中 DDoS 流量的特征，选择 13 个表征 DDoS 攻击流量特征，用于训练 DDoS 攻击缓解模型，如表 4 - 4 所示。

表 4 - 4　DDoS 攻击流量特征表

标号	特征	说明
1	Src Node	源地址
2	Dst Node	目的地址
3	Src Port	源端口号
4	Dst Port	目的端口号
5	TTL	生存时间值
6	Flow Ratio	流速率
7	Flow Interval	流间隔时间
8	Flow Protocol	协议号
9	Ave Packet Length	平均数据包长度
10	Ave Packet Header Length	平均包头长度
11	Ave Packet Size	平均数据包大小
12	Ave Bit Ratio	平均比特速率
13	Flow Packet Ratio	流的平均包速率（单位时间转发数据包的数量）

使用 OMNeT + +[116] 仿真工具和 Tensor Flow[117] 框架进行模型训练。在训练过程中，设置发送正常流量的地面节点和发送异常流量的地面节点的比例为 3：2，即 6 个地面节点发送正常流量，4 个地面节点发送异常流量。在每一个阶段的 DDoS 攻击缓解模型训练过程中，随机选取产生异常流量的地面节点和产生正常流量的地面节点。

本研究采用 DDPG 算法作为 DDoS 攻击缓解模型的核心算法，并通过 OMNeT + + 接口获得卫星网络的奖励和新状态。在模型训练初期，为了使模型能够尽可能地学习到网络的所有状态，网络状态随机选择，将 DDoS 攻击缓解模型的训练次数设为 10 万次。

DDoS 攻击缓解模型的输入状态 s 是指服务节点收集到来自地面节点的流量。模型的动作 a 是由 SDSN 网络边界网关的 LEO 卫星节点对不同流量进行的抑制程度。如果模型判断该流量是正常流量，那么在边界网关处不会对其进行抑制或者尽量减少抑制；如果模型检测到流量异常，即为 DDoS 攻击，则在卫星网络的边界网关处对 DDoS 攻击进行抑制。在训练过程中，DDoS 攻击缓解模型将根据部署 DDoS 攻击缓解策略前后到达服务节点的正常流量比例的变化情况来评估奖励 r 的大小。

4.6　DDoS 攻击缓解策略性能评估

在本节中，首先介绍 DDoS 攻击缓解策略的性能评估指标，之后对本研究所提出的 DDoS 攻击缓解策略在原型系统中进行性能评估。

4.6.1　评估指标

在 SDSN 网络中，DDoS 攻击会占用卫星节点的处理资源，同时也会影响正常流量的存储和转发。这不仅降低了卫星网络的整体利用率，还会增加网络的能耗。由于卫星网络的资源受限等特点，因此在评估 DDoS 攻击缓解策略的性能时，选用卫星节点转发能耗作为评估指标，以直观地体现策略的性能。

据文献［118］所述，卫星网络中转发每比特数据所需的比特能量可以通过式（4 - 9）来计算。式（4 - 9）描述了卫星通信中比特能量与信号功率、带宽的关系。

$$E_b = S \times \left[B \log_2 \left(1 + \frac{S}{n_0 B} \right) \right]^{-1} \tag{4 - 9}$$

式中：S 为传输信号的平均功率，单位为 W；B 为卫星间链路的带宽，单位为 Hz；n_0 为一个常数，用来表征高斯白噪声单边功率谱密度。

因此，如果可以分别确定卫星网络中传输的正常流量 b_n 和 DDoS 攻击流量 b_a 的总比特数，那么卫星网络中数据传输所消耗的能耗 E_t 可以用下式表示：

$$E_t = b_n E_b^n + b_a E_b^a \tag{4 - 10}$$

式中，E_b^n 和 E_b^a 分别为卫星节点传输 1bit 正常流量和 1bit 的 DDoS 攻击流量所消耗的能量。

根据式（4 - 10）可以得知，采取缓解措施来降低卫星网络中的 DDoS 攻击流量，有助于有效降低卫星节点的能耗。

4.6.2 性能评估

首先，分析 DDoS 攻击缓解模型训练阶段的性能。在对 DDoS 攻击缓解模型进行 10 万次训练之后，选取 1 000 次训练的平均奖励值和正常流量的平均比例，以此来得出训练结果。正常流量比例指的是部署缓解策略后，到达服务节点的正常流量占到达流量总数的比例。而奖励值可以通过式（4-8）计算。DDoS 攻击缓解模型的训练结果如图 4-7、图 4-8 所示。图 4-7 展示了 DDoS 攻击缓解模型训练过程中奖励值的变化情况，图 4-8 则展示了部署不同训练步数的 DDoS 攻击缓解模型后正常流量占比情况。

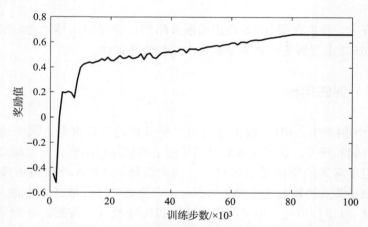

图 4-7 DDoS 攻击缓解模型训练过程中奖励值的变化情况

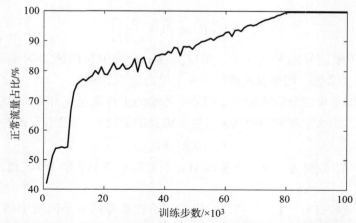

图 4-8 部署不同训练步数的 DDoS 攻击缓解模型后正常流量占比情况

　　根据图 4 - 7、图 4 - 8 可以看出，随着训练次数的增加，DDoS 攻击缓解模型的性能不断提升，奖励值和正常流量比例都逐渐增加。在训练初期，由于模型对攻击流量和正常流量的特征学习不够，无法正确识别攻击流量并实施正确的缓解策略。但是，随着神经网络对流量特征的不断学习，DDoS 攻击缓解模型能够更好地区分正常流量和异常流量，并采取相应的缓解策略。当 DDoS 攻击缓解模型的训练次数达到一定程度时，模型会达到收敛状态，表现出较好的性能。在部署 DDoS 攻击缓解策略后，网络中正常流量比例变化的奖励值 r 收敛至 0.664，而到达服务节点 11 的正常流量比例收敛至 0.997 2。这表明，训练的 DDoS 攻击缓解模型可以有效地识别和缓解异常流量，提升软件定义卫星网络的安全性能。

　　其次，对 DDoS 攻击缓解模型的性能进行评估。在评估 DDoS 攻击缓解模型的性能前，需要先设置式（4 - 10）中的参数。将边缘卫星节点传输信号的平均功率 S 设为 5 W，星间链路带宽设为 1 GHz，高斯白噪声的单边功率谱密度设为 1×10^{-10} W/Hz。据此，根据式（4 - 10）可以计算得到卫星节点转发单位比特数据的能量 E_b 为 8.8×10^{-10} J/bit。然后，利用卫星服务节点 11 采集到的数据包比特数和式（4 - 10），可以分别计算出正常流量和异常流量的能耗。

　　图 4 - 9 展示了 DDoS 攻击缓解模型部署缓解策略前后几种不同流量的能耗变化情况。从图 4 - 9 可以看出，随着训练步数的增加，DDoS 攻击缓解模型的性能逐渐提高。从卫星节点转发数据包的能耗来看，DDoS 攻击缓解模型对正常流量的转发影响较小；同时，随着模型对异常流量的识别能力不断提高，卫星节点转发异常流量的能耗逐渐降低，并最终趋近于 0。这表明 DDoS 攻击缓解模型可以在保障网络安全的同时最大限度地减少节点能量消耗。另外，随着训练步数的增加，模型对异常流量的识别能力会越来越好。

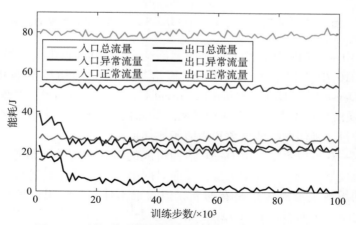

图 4 - 9　缓解策略部署前和部署后流量能耗变化情况

最后，还对 DDoS 攻击缓解模型中 DDPG 算法的参数进行了分析比较，以探究这些参数对模型性能的影响：①采用不同的神经网络结构和参数对 DDoS 攻击缓解模型进行训练，经过 10 万次训练后得到最终的 DDoS 攻击缓解模型；②接着，使用由 10 000 个经过验证的输入流量组成的相同验证数据集来评估不同神经网络参数下 DDoS 攻击缓解模型的性能，以部署 DDoS 攻击缓解策略后卫星节点转发的 10 000 个流量的平均能耗作为评价指标。图 4–10～图 4–12 分别表示不同参数下 DDoS 攻击缓解模型的性能，其中，"原始输入" 表示验证数据集中的初始流量。

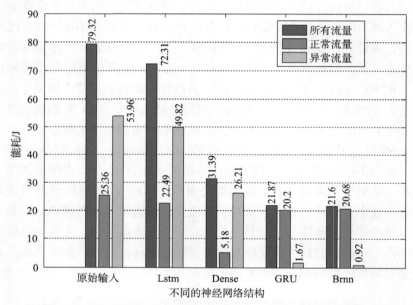

图 4–10 不同神经网络结构对 DDoS 攻击缓解模型性能的影响

图 4–10 是 DDPG 算法中不同神经网络结构对 DDoS 攻击缓解模型性能的影响。图 4–10 中比较了未部署 DDoS 攻击缓解策略的初始流量能耗与部署 Lstm[119]、Dense[120]、GRU（Gated Recurrent Unit）[121] 和 Brnn[122] 神经网络结构的 DDoS 攻击缓解模型的能耗。上述神经网络的参数仅表现为神经网络结构的不同，神经元的数量、神经网络的层数和激活函数都是相同的。

从图 4–10 可以看出，由 Dense 结构组成的缓解模型性能最差。Dense 结构组成的缓解模型不能缓解异常流量，反而对网络中的正常流量进行了抑制。Lstm 结构组成的缓解模型对流量略有抑制，但效果不佳，不能很好地抑制 DDoS 流量。相比之下，由 GRU 和 Brnn 结构组成的缓解模型可以很好地抑制异常流量，而不影响网络中的正常流量。特别指出，Brnn 结构的神经缓解模型对异常流量的缓解效果最好，可以降低卫星节点转发总能耗 72.77%，处理异常流量的能耗降低 98.3%。

接下来，通过图 4 - 11、图 4 - 12 的比较，探究不同学习率和不同神经网络更新率对 DDoS 攻击缓解模型性能的影响。在图 4 - 11 中，DDPG 神经网络中 LR_1、LR_2、LR_3、LR_4 的学习率分别设置为 0.000 1、0.001、0.01、0.1。在图 4 - 12 中，DDPG 神经网络中 Tau_1、Tau_2、Tau_3、Tau_4 的更新率分别设置为 0.000 1、0.001、0.01、0.1。

从图 4 - 11 可以看出，选择合适的神经网络结构后，学习率对 DDoS 攻击缓解模型的影响比较小。当神经网络的学习率设为 0.001 时，DDoS 攻击缓解模型的综合性能最好，可以将卫星节点转发异常流量产生的能耗降低 98.93%，且对正常流量转发的影响仅为 17.72%。

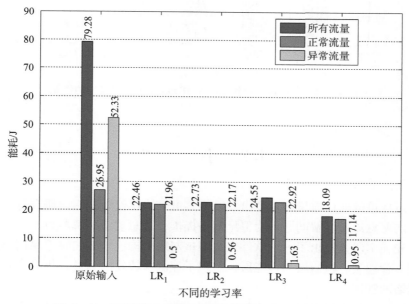

图 4 - 11　不同学习率对 DDoS 攻击缓解模型性能的影响

同样，从图 4 - 12 可以看出，当神经网络的更新率为 0.001 时，DDoS 攻击缓解模型性能最好。在这种情况下，它可以有效抑制 99.59% 的异常流量，并降低卫星节点的能耗。需要注意的是，当更新率增加到 0.01 或 0.1 时，DDoS 攻击缓解模型的性能会出现明显下降。这是因为虽然提高神经网络的更新率参数可以提高模型的训练速度，但也会带来负面影响，使模型的稳定性降低，可能会使模型在没有充分感知流量特征的情况下收敛到局部最优值。

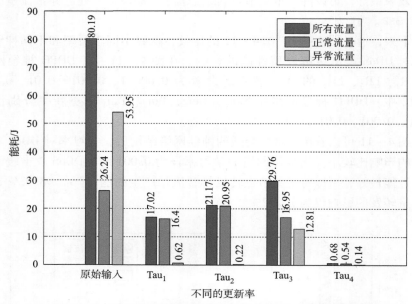

图 4-12 不同神经网络结构下 DDoS 攻击缓解模型的性能

4.7 小   结

本章从可信通信流量的角度出发，借鉴可信协议设计思想，研究基于深度强化学习的恶意流量缓解问题，为卫星网络提供了恶意攻击缓解能力。

首先，本研究提出了一个软件定义卫星网络架构。该架构将卫星网络划分为转发层、管理层、控制层和智能层，实现了控制与转发的分离，提升了资源受限卫星网络的管控效率。

其次，在软件定义卫星网络架构的基础上，本研究设计了一种基于深度强化学习的 DDoS 攻击缓解机制，实现了卫星网络 DDoS 攻击流量的缓解。

最后，从卫星节点转发能耗的角度出发，本研究评估了所设计的基于确定性策略梯度算法的 DDoS 攻击缓解机制。结果表明，本研究所提出的 DDoS 攻击缓解机制能够准确识别和阻断恶意 DDoS 攻击，降低卫星节点转发能耗，确保卫星网络中用户通信流量的安全可信。

第 **5** 章

可信动态信誉评估方法

随着物联网的快速发展，物联网设备和接入用户数量急剧增长，用户行为呈现动态变化和复杂多样等特性。传统的基于信任和信誉模型的用户信誉评估方式难以多维度、动态地评估用户行为。因此，本章从可信信誉评估角度介绍基于区块链可信协议架构的动态信誉评估模型。该模型充分考虑用户接入过程和通信过程积累行为知识，能够实现复杂多样用户行为的多维度评估

5.1 引 言

海量的物联网设备促进了万物互联，增加了物联网 (Internet of Things，IoT) 被恶意用户攻击的风险[123]。恶意用户可以对物联网发起分布式拒绝服务攻击、欺骗攻击、On – Off 攻击等攻击，从而阻碍网络服务的正常提供[124]。因此，设计一种能够检测恶意行为的安全机制以提高物联网的安全性至关重要。

在网络中部署信任和信誉模型 (Trust and Reputation Model，TRM) 是提升网络安全能力的重要途径[125]。在物联网中，信任和信誉模型通常用于评估设备与网络之间的信任关系[126]。根据从参与者的角度，信任和信誉模型可以分为设备对设备、设备对网络和网络对设备三种类型。其中，设备对设备的信任和信誉模型用于评估设备之间的信任程度，设备通过分析另一个设备的行为来判断其是否可信。而设备对网络的信任和信誉模型则多用于评估用户对网络的信任程度，用

户对网络提供的服务进行评价，以验证网络是否可信。相比之下，网络对设备的信誉模型更多用于评估网络对用户的信任程度，通过验证用户的行为，网络可以区分该用户是否值得信赖。与上述两种在用户端发起评估或反馈的信任和信誉模型相比，网络对设备的信任和信誉模型在网络端对用户行为进行评估，可以有效地防范恶意用户发起的虚假反馈消息[127]。因此，在网络中部署网络对设备的信任和信誉模型用于检测恶意用户行为逐渐成为一种趋势。

根据模型的部署方式，网络对设备的信任和信誉模型可以划分为集中式信任和信誉模型（CTRM）、分布式信任和信誉模型（DTRM）[128]。与 CTRM 相比，DTRM 可以避免单点故障，且具有评估过程简化、执行快速等优点，更适用于物联网的部署。然而，传统的 DTRM 在数据共享和可信协作方面仍存在一些不足[129]。

区块链的出现为 DTRM 提供了新的发展方向。区块链具有去中心化、可追溯、匿名性等特点，能够有效地解决传统 DTRM 中评估节点间信任差、数据共享不可靠、信任关系不透明等问题[130]。因此，将区块链与 DTRM 结合起来构建基于区块链的信任和信誉模型（BTRM）成为新的研究方向[131]。然而，现有的 BTRM 通常以固定的时间间隔对用户行为进行评估，这使得检测具有智能的恶意用户行为（如间歇性攻击）具有一定的挑战性。另外，大多数 BTRM 倾向于评估用户的特定的一种行为而不是全局行为，因此很难获得能够表征真实用户行为的信任值。因此，设计一个能够多维度评估用户行为的动态 BTRM 迫在眉睫。

本研究提出一个基于区块链的信任和信誉模型。该模型从身份认证行为、访问行为和通信行为 3 个角度对用户行为进行多维度评估，避免单一行为评估导致的信誉值不准确的问题。另外，本研究设计了一种动态评估机制（Dynamic Evaluation Mechanism，DEM），包括动态评估窗口算法和信誉层次衰减算法，以实现对恶意行为的动态检测。

5.2　可信信誉评估研究

信任和信誉模型通过评估用户行为来检测恶意攻击，是提高网络安全性的重要方法。网络规模的扩大和用户、设备数量的剧增使得用户行为具有复杂性和动态变化性。如何设计一种信任与信誉模型实现对用户行为的多维度动态评估，成为可信信誉评估的研究重点之一。

5.2.1　集中式信任和信誉模型研究

集中式信任和信誉模型（Centralized Trust and Reputation Model，CTRM）自从被提出后，被广泛地应用在各种商业场景中，例如 eBay、Amazon、Google 等。近年来，由于 CTRM 具有易于收集用户反馈、评价过程可控性强等独特优势，CRTM 在许多领域仍然得到广泛应用。

在在线服务环境中，Fu 等[132] 提出了一个中心化的信任和信誉模型。Fu 等提出的模型基于服务对的支配关系构建有向无环图，实现在线服务信誉的统一评级。Li 等[133] 提出了一种适用于车载自组织网络的基于信誉的通告方案。车辆通过接入点从集中式信誉中心获取其他车辆的聚合信誉，根据获得的聚合信誉评估其他车辆发送的公告消息的可信度。Salamanis 等[134] 提出了应用于在线拼车服务场景的针对注册用户的集中式信誉评估机制。Salamanis 等提出的机制在评估用户信誉时充分考虑用户的旅行偏好，能够抵御恶意用户的攻击。Li 等[135] 提出了基于云的物联网环境中云服务的信任评估框架 STRAF。

在评估云服务的可信度时，STRAF 同时考虑安全性和信誉值，增强基于云的物联网环境的安全性。Chen 等[136] 提出一种物联网软件定义网络的信任架构 IoTrust，提出两种针对节点和组织的信誉评估方案。Chen 等提出的方案可以抵御多种恶意攻击，具有更高的受攻击节点检测精度。

上述研究都是基于可信的中央服务器进行信任管理的。然而，随着网络设备和用户的快速增长，集中式架构的信任管理方式不可避免地出现一些问题：

（1）集中式部署难以满足海量用户和业务场景下快速信任管理的需求。

（2）集中式部署容易出现单点故障，导致信任数据丢失。

5.2.2　分布式信任和信誉模型研究

与 CTRM 相比，分布式信任和信誉模型（Distributed Trust and Reputation Model，DTRM）不需要搭建中央信任服务器。相反，在 DTRM 方式中，参与者汇总其他参与者的反馈来评估目标的信任度。因此，DTRM 被广泛部署在分布式系统中。

Nwebonyi 等[137] 提出一种分布式的基于信任和信誉的安全系统 EdgeTrust，旨在抵御对等网络和移动边缘云中的恶意攻击。在车载边缘网络中，Huang 等[138] 设计了一个分布式信誉管理系统 Dreams。Dreams 综合熟悉度、相似度和时效性三个权重来评估车辆的信誉，优化了不良行为车辆的检测过程。Guleng 等[139] 提出了一种车载网络的去中心化多智能体信任管理方案。该方案综合考虑车辆节点的直接信任和间接信任，其中直接信任值基于模糊逻辑的方法计算得到，间接信任值由 Q – learning 算法评估得到。

Shehada 等[140]提出了一种基于雾计算的信任评估系统，用于识别恶意物联网设备。在 Shehada 等提出的系统中，物联网设备聚合其他设备的直接和间接信任，消除恶意设备对系统和服务质量的影响。

尽管上述 DTRM 方法在应对单点故障、提高响应效率等方面取得显著改进，但在数据共享、隐私保护和协同处理等方面仍面临诸多挑战。因此，构建一种安全可信、行为可追溯的 DTRM 是当前智能通信网络可信信誉评估研究亟待解决的问题。

5.2.3　基于区块链的信任和信誉模型研究

随着区块链的发展，将信任和信誉模型与区块链相结合，构建基于区块链的信任和信誉模型（Blockchain – based Trust and Reputation Model，BTRM）已成为新的趋势。区块链去中心化、匿名性、可追溯性和不可篡改的特性增强了 DTRM 的安全性。与其他方法相比，具有可信协作、安全数据共享和行为可追溯的 BTRM 在恶意行为检测方面具有显著优势。在车联网中，恶意车辆给车辆高效协作和数据共享带来巨大挑战。

Yang 等[141]提出了一种基于区块链的信任管理模型，解决现有认证机制和信任管理模型的不足，显著提高恶意车辆检测的准确率。为保证车辆间共享消息的可信性，Zhang 等[142]设计一种基于区块链的车联网信任管理系统。Zhang 等提出的管理系统可以检测发送恶意消息的车辆，基于评级机制对低信誉值车辆进行惩罚。

在物联网中，Li 等[143]提出一种基于区块链的信誉管理系统。该系统分别利用系统和评估者的中心性值，对目标路由器在整个系统中的信誉进行评估，通过检测路由器的恶意行为提高路由过程的安全水平。

在无线传感器网络中，She 等[127]提出一种用于恶意节点检测的区块链信任模型。该模型基于传输延迟、转发率和响应时间 3 个因素计算节点信用度。试验结果表明，该模型能有效检测恶意节点，保证检测过程的可追溯性。

为了提高移动设备的计算性能，Xiao 等[144]提出了一种基于区块链的移动边缘计算信任机制。在基于区块链的移动边缘计算场景中，Xiao 等提出两种信任算法来优化卸载任务的 CPU 数量。试验结果表明，该机制能有效抑制边缘自私性攻击、降低响应时延。

针对云计算中访问控制过程的信任问题，Ghafoorian 等[145]提出了一种基于信任和信誉的高效 RBAC 模型。Ghafoorian 等提出的模型不仅能抵抗多种恶意攻击，而且具有良好的可扩展性。

上述研究在不同场景下实现对恶意行为的检测，但仍存在许多不足：

（1）基于 BTRM 的恶意行为检测相关研究大多采用固定检测周期对系统中用户进行评估。这种方法对智能攻击者发起攻击（如 On – Off 攻击）的检测效果不佳。

（2）上述方法大多未考虑用户不活跃时信誉值的衰减，存在用户信誉被滥用问题，恶意用户能够控制长期不活跃高信誉值的用户向网络发起攻击。

（3）上述恶意行为检测方法通常只关注特定一种用户行为（如交互行为、认证行为），难以多维度对用户信誉进行评估。

表 5 – 1 给出上述可信信誉评估方法的定性比较。相比之下，本研究聚焦用户信誉可信评估问题，提出基于用户历史行为知识的信誉评估模型，实现了用户信誉的多维度、动态可信评估。

表 5 – 1　可信信誉评估方法的定性比较

相关研究	应用场景	部署方式	动态评估	信誉衰减	多维评估
Fu 等[132]，Salamanis 等[134]	在线服务场景	集中式	无	无	无
Li 等[133]	车载自组织网		无	有	无
Li 等[135]，Chen 等[136]	物联网		无	无	无
Nwebonyi 等[137]，Xiao 等[144]	移动边缘网络	分布式	无	无	无
Huang 等[138]，Guleng 等[139]，Yang 等[141]，Zhang 等[142]	车联网		无	无	无
Shehada 等[140]，Li 等[143]	物联网		无	无	无
She 等[127]	无线传感网		无	无	有
Ghafoorian 等[145]	云计算		无	有	无

5.3　基于区块链的系统模型

本节首先介绍系统模型和攻击模型，然后描述基于区块链的信誉评估过程。

5.3.1 系统模型

如图 5-1 所示，物联网中 BTRM 的系统模型可以划分为 3 层：物联网设备层、接入转发层和区块链服务层。每层的作用和功能如下。

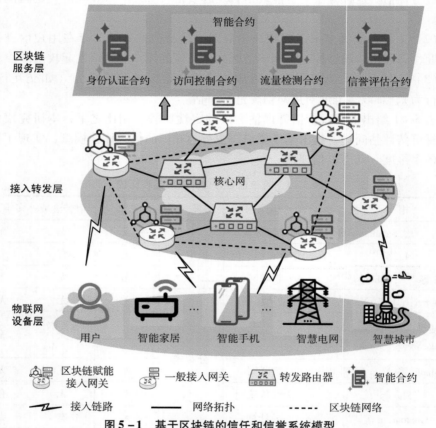

图 5-1 基于区块链的信任和信誉系统模型

1. 物联网设备层

物联网设备层包含智能电网、智能家居、智能城市等各个领域的物联网设备，以及使用物联网设备的用户。为了简化描述，在本章中，使用用户来统一表示物联网设备和用户。用户产生的行为被定义为用户行为，具体内容在 5.4.1 节中描述。

2. 接入转发层

接入转发层由转发路由器和接入网关组成。转发路由器在核心网中负责数据转发，接入网关为物联网设备层中的用户提供安全接入。接入网关分为区块链赋能的接入网关和通用接入网关两种。区块链赋能的接入网关存储和维护分布式区块链账本，而通用接入网关不需要在本地存储分布式账本，需要调用区块链接口与区块链进行连接。另外，区块链赋能的接入网关将用户行为实时存储在区块链中，而通用接入网关将用户行为存储在本地，并通过 SDK 接口将用户行为存储在区块链中。考虑到网关需要存储、更新私有用户行为，因此选择隐私性强、可控性高的许可区块链来组成区块链网络。在本章中，将区块链赋能的接入网关视为完全可信节点，其身份和行为都是完全可信的。然而，通用接入网关为半可信节点，其只有身份是可信的，行为是不可信的。在本研究中，不可信行为主要是指网关向区块链网络发送虚假的用户行为数据。

3. 区块链服务层

在区块链服务层，网络服务以智能合约的形式被部署，以实现数据安全共享和多域可信协作。如图 5 - 1 所示，身份认证服务、访问控制服务、流量检测服务和信誉评估服务分别表示为身份认证合约、访问控制合约、流量检测合约和信誉评估合约。智能合约在为用户提供网络服务的同时，也对用户行为进行记录，确保用户行为可追溯。具体来说，为了实现用户身份的认证和身份认证行为的记录，部署与第 2 章相一致的身份认证合约；同时，为了实现用户访问控制的授权和访问行为的记录，部署与第 3 章相一致的访问控制合约。另外，为了进一步提高系统的安全性，将第 4 章提出的卫星网络恶意流量检测模型迁移至流量检测合约中，以实现对恶意流量的检测和用户通信过程中流量行为的记录。将本研究所提出的 BTRM 模型部署在信誉评估合约中，通过与其他智能合约的接口获取存储在区块链中的不同用户行为，实现对用户信誉的评估。

5.3.2　攻击模型

随着物联网中用户数量的急剧增加，很多针对互联网的攻击也会在物联网中发生。恶意用户可以通过被感染的用户向网络发起各种攻击，影响物联网正常服务的提供[146]。因此，在本章中，主要研究用户对物联网发起的攻击。本研究考虑的主要攻击模型如下：

（1）On - Off 攻击：攻击者以一定的概率向网络交替发送正常流量和恶意流量，从而避免恶意行为被检测到。

（2）拒绝服务攻击：攻击者不断向网络发起攻击，使网络资源耗尽，无法提供正常网络服务。

（3）重入攻击：当攻击者的信誉值较低且被检测为恶意攻击者时，攻击者注册新的用户身份重新向网络发起攻击。

（4）女巫攻击：攻击者创建多个虚假身份对网络发起攻击。

（5）歧视攻击：攻击者对网络中的某些服务采取正常的行为，对其他服务采取恶意的攻击行为。

为了提高网络的安全性，防止网络受到恶意用户攻击，本研究设计一种基于区块链的信任和信誉模型，并基于信誉模型部署动态评估机制来抵御上述 5 种攻击。

5.3.3 信誉评估过程

本研究所提出的信任和信誉系统模型，设计基于区块链的信誉评估过程，如图 5-2 所示。具体评估步骤如下：

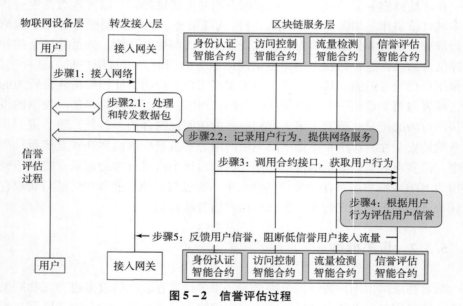

图 5-2 信誉评估过程

步骤 1：物联网设备层中的用户通过接入网关接入网络。

步骤 2：接入网关处理和转发数据包，区块链服务层中的智能合约记录用户行为，并为用户提供相应的服务。

步骤 3：信誉评估智能合约中的信任和信誉模型 BTRM 周期性地调用其他智能合约的接口，以获取存储的用户行为（如认证行为、访问控制行为等）。

步骤 4：BTRM 根据得到的历史用户行为对用户的信誉进行计算评估。

步骤 5：BTRM 将用户的信誉反馈给接入网关，接入网关将阻断信誉值低于正常阈值（如信誉值低于 0.5）的用户的接入流量。

5.4　信任和信誉模型

本研究提出的一种于基于区块链的信任和信誉模型 BTRM，用于评估用户信誉、抵御恶意用户攻击行为。表 5 - 2 为信誉和信任模型的主要参数和定义描述。

表 5 - 2　信誉和信任模型的主要参数和定义描述

参数名称	描　　　述
U	表征用户 u_i 的集合
A	表征接入网关 a_j 的集合
E	表征用户 u_i 和接入网关 a_j 对应边的集合
U_{id}，A_{id}	用户和接入网关的唯一身份标识
R_g，R_j	用户和接入网关的信誉
$\theta(a_j)$	连接接入网关的用户的集合
$\varphi(a_j)$	接入网关的评估集合
$B(u_i)$	用户行为集合
B_I，B_A，B_C	用户的身份认证、访问和通信行为的集合
R_I，R_D	接入网关对用户的间接信誉和直接信誉
ω_1，ω_2，ω_3	身份认证、访问和通信行为的权重因子
α_x，β_y，γ_z	子身份认证、访问和通信行为的权重因子
ϑ_I，ϑ_A，ϑ_C	身份认证、访问和通信行为的惩戒因子
λ	直接信誉的权重因子
ρ	信誉更新因子
W_{init}	用户的初始评估窗口值
W_f	快增长阶段窗口值的阈值
W_{th}	最大评估窗口的阈值
$W_i(t)$	用户在时刻 t 的评估窗口值

参数名称	描　　述
n_1，n_2	不同阶段衰减策略的常数
σ	信誉值的衰减因子
η	异常行为的惩罚因子

5.4.1　模型定义

定义1：将物联网定义为 $G=(U, A, E)$。式中：$U=\{u_1, u_2, \cdots, u_n\}$ 为物联网中用户的集合；$A=\{a_1, a_2, \cdots, a_m\}$ 为接入网关的集合；$E=\{e_{ij}=1 \mid 1 \leqslant i \leqslant n, 1 \leqslant j \leqslant m\}$ 为用户和接入网关之间边的集合。另外，根据5.3.1节中的定义，接入网关集合 A 可以被划分为两个子集合 A_b 和 A_n。A_b 为区块链赋能的接入网关集合，A_n 为通用接入网关集合。

定义2：将用户 u_i（$u_i \in U$）定义为一个二维元组，$u_i=\{U_{id}, R_g\}$。式中：U_{id} 为用户 u_i 的唯一身份标识；R_g 为用户 u_i 的全局信誉值。信誉值 R_g 的取值范围 $0 \sim 1$，由BTRM基于用户行为计算得到，并存储在区块链中，表示网络对用户的信任。

定义3：将接入网关 a_j（$a_j \in A$）表征如下：$a_j=\{A_{id}, R_j\}$。式中：A_{id} 和 R_j 分别为接入网关 a_j 的唯一身份标识和信誉值；信誉值 R_j 为用来表征接入网关 a_j 是否可信，取值范围 $0 \sim 1$，由一段时间内接入 a_j 的恶意用户和正常用户的数量评估得到。接入网关 a_j 中有一个用户集合 $\theta(a_j)$。如果用户 u_i 通过接入网关 a_j 接入网络，那么则有 $u_i \in \theta(a_j)$，$e_{ij} \in E$。另外，接入网关 a_j 中还存在着一个评估集合 $\varphi(a_j)$，集合满足以下关系：$\varphi(a_j)=\{\varphi_{ij} \in {}^{[0,1]} \mid u_i \in \theta(a_j), e_{ij} \in E\}$，$\varphi_{ij}$ 是接入网关 a_j 对用户 u_i 的评估值。

定义4：将用户 u_i 与接入网关 a_j 之间的连接定义为 e_{ij}（$e_{ij} \in E$）。如果用户 u_i 通过网关 a_j 接入网络，那么 e_{ij} 的值设为1；否则，e_{ij} 的值设为0。此外，e_{ij} 还存在着一个用户行为集合 $B(u_i)$，$B(u_i)=\{B_{ij}^I, B_{ij}^A, B_{ij}^C\}$。在后文中为了简化描述，用 B_I、B_A 和 B_C 来分别表示 B_{ij}^I、B_{ij}^A 和 B_{ij}^C。

定义5：将用户行为定义为 $B(u_i)$，$B(u_i)=B_I \cup B_A \cup B_C$。式中，$B_I$、$B_A$ 和 B_C 分别为用户 u_i 的身份认证行为、访问行为和通信行为的集合。用户身份认证行为集合 $B_I=\{b_I^x, 1 \leqslant x \leqslant X\}$ 由用户 u_i 接入网关 a_j 的子身份认证行为 b_I^x 组成，如认证统计行为 b_{authI}、连接行为 b_I^{conn} 等。用户访问行为 $B_A=\{b_{yA}, 1 \leqslant y \leqslant Y\}$ 由用户 u_i 通过网关 a_j 访问网络的子访问行为 b_{yA} 组成，如访问控制行为 b_{acceA}、资源

获取行为 b_A^{acqu} 等。用户通信行为 $B_C = \{b_C^z,\ 1 \leqslant z \leqslant Z\}$ 由用户 u_i 与接入网关 a_j 之间的子通信行为 b_C^z 组成，如发送数据包行为 b_C^{send}、接收数据包行为 b_C^{recv} 等。X、Y 和 Z 分别为包含在身份认证行为集合 B_I、访问行为集合 B_A 和通信行为集合 B_C 中子行为的个数。在本章中，子用户行为存储在区块链服务层中对应的智能合约中，如 $b_{\text{auth}I}$ 存储在身份认证智能合约中。

5.4.2　直接信誉

当用户 u_i 通过接入网关 a_j 接入网络时，接入网关 a_j 需要调用信誉评估智能合约来评估用户 u_i 的历史行为知识，决定是否阻止用户 u_i 接入网络。

将评估值 φ_{ij} 定义为接入网关 a_j 对用户 u_i 的直接信誉 R_D。直接信誉 R_D 反映了接入网关 a_j 对用户 u_i 的信任程度，是对一段时间内用户行为 $B(u_i)$ 的评估。直接信誉 R_D 的计算公式如下：

$$
\begin{aligned}
R_D = f[B(u_i)] &= \omega_1 \cdot \varphi_I + \omega_2 \cdot \varphi_A + \omega_3 \cdot \varphi_C \\
&= \omega_1 \cdot \sum_{x=1}^{X} \alpha_x \varphi_I^x + \omega_2 \cdot \sum_{y=1}^{Y} \beta_y \varphi_A^y + \omega_3 \cdot \sum_{z=1}^{Z} \gamma_z \varphi_C^z
\end{aligned} \tag{5-1}
$$

式中：f 为信誉评估智能合约中用于计算直接信誉的评估函数；φ_I、φ_A 和 φ_C 分别为对身份认证行为、访问行为和通信行为的评估值，$\varphi_I,\ \varphi_A,\ \varphi_C \in {}^{[0,1]}$；$\omega_1$、$\omega_2$ 和 ω_3 为权重因子，$\omega_1 + \omega_2 + \omega_3 = 1$；$\varphi_I^x$、$\varphi_A^y$ 和 φ_C^z 分别为对用户身份认证行为、访问行为和通信行为中子行为的评估值；α_x 为身份认证行为集合中每个子行为的权重因子，$\sum_{x=1}^{X} \alpha_x = 1$，$\alpha_x \in {}^{[0,1]}$；$\beta_y$ 和 γ_z 为访问行为集合和通信行为集合中每个子行为的权重因子，$\sum_{y=1}^{Y} \beta_y = 1$，$\sum_{z=1}^{Z} \gamma_z = 1$，$\beta_y, \gamma_z \in {}^{[0,1]}$。

接下来，将介绍如何根据用户的子行为（如 b_I^x）计算信誉评估值（如 φ_I）。信誉评估智能合约通过调用其他智能合约的接口获取记录的用户子行为。

考虑到文献 [147] 提出的 Beta 信誉系统（Beta Reputation System，BRS）能够综合考虑用户在一段时间内的积极行为和消极行为，并已经在分布式信任和信誉模型中得到了广泛应用，因此，本研究选择 BRS 来评估用户一段时间内的子行为信誉值。Beta 概率密度函数如下：

$$
\text{beta}(p \mid s, f) = \frac{\Gamma(s+f+2)}{\Gamma(s+1) \cdot \Gamma(f+1)} p^s (1-p)^f \tag{5-2}
$$

式中：Γ 为伽马函数；s 和 f 分别为积极行为和消极行为的数目。

Beta 分布的期望值可以通过下式计算得到，即

$$
E[\text{beta}(p \mid s, f)] = \frac{s+1}{s+f+2} \tag{5-3}
$$

假设用户的子用户行为遵循 Beta 分布，因此用户子用户行为的信誉 φ 可以建模为 Beta 分布的期望值，如式（5 - 4）所示。用户的初始信誉值设置为 0.5。

$$\varphi = \frac{s+1}{s+f+2} \tag{5-4}$$

受文献［145］的启发，本研究在评估用户的信誉时引入惩戒因子 ϑ，以增加消极行为对信誉值的影响。引入惩戒因子 ϑ 使得消极用户行为比积极用户行为对用户信誉产生更为显著的影响，能让恶意用户更快地降低信誉值，从而有效避免 On - Off 攻击。

改进的 φ_I^x、φ_A^y 和 φ_C^z 信誉评估公式如下：

$$\varphi_I^x = g(b_I^x) = \frac{S_I^x + 1}{S_I^x + \vartheta_I \cdot F_I^x + 2} \tag{5-5}$$

$$\varphi_A^y = g(b_A^y) = \frac{S_A^y + 1}{S_A^y + \vartheta_A \cdot F_A^y + 2} \tag{5-6}$$

$$\varphi_C^z = g(b_C^z) = \frac{S_C^z + 1}{S_C^z + \vartheta_C \cdot F_C^z + 2} \tag{5-7}$$

上述式中：g 为改进的 Beta 信誉函数；S_I^x 和 F_I^x 分别为身份认证行为中的积极行为和消极行为；S_A^y 和 F_A^y 分别为访问行为中的积极行为和消极行为；S_C^z 和 F_C^z 分别为通信行为中的积极行为和消极行为；ϑ_I、ϑ_A 和 ϑ_C 分别为身份认证行为、访问行为和通信行为的惩戒因子，ϑ_I，ϑ_A，$\vartheta_C \geqslant 1$。在本章中，通过引入 ϑ_I、ϑ_A 和 ϑ_C 来增加上述 3 种行为中的消极行为对子用户行为的信誉值的影响。

另外，式（5 - 1）中提出的信誉评估方法难以抵御歧视性攻击。如果恶意用户有很多行为是正常的，只有少量的行为是异常的，则通过式（5 - 1）进行计算得到的信誉值仍然是正常的。因此，有必要对上文所提出信誉评估计算式（5 - 1）进行改进，以增强网络的安全性。改进的直接信誉计算方法如下式所示：

$$R_D = \begin{cases} \omega_1 \cdot \sum_{x=1}^{X} \alpha_x \varphi_I^x + \omega_2 \cdot \sum_{y=1}^{Y} \beta_y \varphi_A^y + \omega_3 \cdot \sum_{z=1}^{Z} \beta_z \varphi_C^z, & \varphi_I^x, \varphi_A^y, \varphi_C^z \geqslant 0.5 \\ \min\{\varphi_I^x, \varphi_A^y, \varphi_C^z\}, & \text{else} \end{cases} \tag{5-8}$$

5.4.3　间接信誉

由于用户可能针对特定的网关发起恶意行为，因此仅考虑当前时刻用户接入网络的接入网关的评价（直接信誉）是不全面的。因此，信誉评估智能合约在计算用户信誉时也需要充分考虑其他接入网关对用户的评价。在本章中，将其他接入网关对用户的评价定义为间接信誉 R_I。

　　为了防止半可信接入网关反馈不真实的用户恶意评价，使用网关信誉 R_j 来评估接入网关 a_j 的可信度。将网关信誉 R_j 定义为一段时间内，通过接入网关 a_j 接入网络的合法用户数量占总接入用户数量的比例。同样，网关信誉 R_j 可以由改进的 BRS 式（5 – 9）计算得到，即

$$R_j = \frac{S_u + 1}{S_u + \vartheta_u \cdot F_u + 2} \tag{5 – 9}$$

式中：S_u 和 F_u 分别为通过接入网关 a_j 接入网络的合法用户数量和恶意用户数量；ϑ_u 为恶意行为惩戒因子，$\vartheta_u \geqslant 1$。

　　间接信誉 R_I 可以由式（5 – 10）计算得到。在计算用户的间接信誉时，为了防止恶意网关的恶意评估行为，仅考虑网关信誉 R_j 大于 0.5 的接入网关 a_j 对用户 u_i 的评价。

$$R_I = \frac{\sum_{k=1,k \neq j}^{m} R_k \cdot \varphi_{ik}}{\sum_{k=1,k \neq j}^{m} R_k}, \ R_k \geqslant 0.5 \tag{5 – 10}$$

式中：R_k 为其他接入网关的网关信誉；φ_{ik} 为接入网关 a_k 对用户 u_i 的信誉评估值，φ_{ik} 通过式（5 – 7）计算得到。

　　在本章中，通过引入网关信誉 R_j 和间接信誉 R_I，一定程度增加了恶意网关转发虚假用户行为的成本，降低了恶意网关对用户整体信誉的影响。

5.4.4　聚合信誉

　　为了综合计算用户聚合后的全局信誉 R_g，信誉评估智能合约需要聚合上文提出的直接信誉 R_D 和间接信誉 R_I。全局信誉 R_g 被存储在区块链中用于全局共享，表示网络 G 对用户 u_i 的可信度。

　　全局信誉 R_g 可以由下式计算得到：

$$R_g = \lambda \cdot R_D + (1 - \lambda) \cdot R_I \tag{5 – 11}$$

式中，λ 为直接信誉的权重因子。通过设置不同的 λ 值，可以调整直接信誉 R_D 和间接信誉 R_I 对用户信誉的影响比例。λ 的值越大，信誉评估智能合约在计算用户的全局信誉 R_g 时需要更多地考虑用户的直接信誉 R_D，$\lambda \in [0, 1]$。

　　另外，由于网络中给的用户行为是动态变化的，因此用户行为信誉评估方法也需要进行动态调整，因此，本研究提出了一个用户信誉更新方法，如下式所示：

$$R_g(t) = \rho \cdot R_g(t - 1) + (1 - \rho) \cdot R'_g(t) \tag{5 – 12}$$

式中：$R_g(t - 1)$ 为用户 u_i 在上一次评估时的信誉值；$R'_g(t)$ 为用户当前时刻的信誉值；$R_g(t)$ 为用户在当前时间的更新用户信誉值；ρ 为更新因子，用来表示

之前的信誉 $R_g(t-1)$ 占更新后的信誉 $R_g(t)$ 的比例。更重要的是，ρ 的引入也使得用户信誉值的变化更加平滑，$\rho \in [0,1]$。当信誉评估智能合约更新用户信誉时，如果需要更多地考虑 $R_g(t-1)$，则 ρ 值的设置应该大于 0.5。相反，ρ 值的设置应该小于 0.5，以便更多地考虑 $R'_g(t)$。

5.5 动态评估机制

在 5.4 节中提出的 BTRM 模型通过对一段时间内的用户行为进行评估，从身份认证行为、访问行为和通信流量行为 3 个方面实现了恶意行为的检测。

然而，本研究所提出的 BTRM 模型评估时间窗口的选择上并没有提供很好的解决方案。在本研究提出的聚合信誉评估方法中，用户的信誉值是在固定评估窗口下通过式（5-11）和式（5-12）计算更新得到的。另外，本研究所提出的 BTRM 模型很难应用于用户长时间不活跃的场景中。因此，针对上述两个问题，本研究设计了一种基于 BTRM 模型的动态评估机制（DEM）。

在动态评估机制中，包含两种动态信誉评估算法：①动态评估窗口算法（Dynamic Evaluation Window Algorithm，DEWA）；②信誉层次衰减算法（Reputation Hierarchical Decay Algorithm，RHDA）。DEWA 允许 BTRM 模型动态调整信誉评估窗口值，RHDA 则提供了 BTRM 模型对不活动用户的信誉计算方法。总的来说，动态评估机制从评估时间窗口的动态调整和不活跃用户信誉值动态衰减两个方面实现了用户行为的动态评估。

在接下来的小节中，使用用户身份认证行为 b_i^x 来展示所提出的动态评估机制。

5.5.1 动态评估窗口算法

现有的 BTRM 模型在评估时间窗口的选择上存在诸多问题：①如果在长时间窗口中对用户行为进行评估，则计算出的信誉值无法准确反映用户的实际行为；②如果评估窗口值设置较小，单位时间的评估次数会相应增加，从而增加网络的计算消耗。另外，如果在固定的时间窗口内评估用户行为，则很难检测具有动态启动间隔的恶意攻击。因此，本研究提出了一个可以动态调整评估窗口的动态评估窗口算法，以实现对用户信誉的动态评价。需要注意的是，动态评估窗口算法中的评估窗口不仅代表了下一次评估中选择用户历史行为的时间段，还代表了下一次评估与当前评估之间的时间间隔。

动态评估窗口算法的核心为 BTRM 模型根据用户的信誉设置一个自适应的信

誉评估窗口。信誉值高的用户有较长的信誉评估间隔，而信誉值低的用户则需要频繁地进行用户信誉评估。换言之，网络在用户的信任度可以部分表示为用户的信誉评估区间。

本研究所提出的动态评估窗口算法分 5 个阶段。

阶段 1：慢启动阶段 （$b_I^x \neq \varnothing$，$\varphi_I^x(t) \geq 0.5$，$W_i(t) \leq W_f$）。用户初始信誉评估窗口 W_{init} 被设置为一个较小的数值（如 1 min）。当用户的身份认证行为 b_I^x 被评估为正常行为时（$\varphi_I^x(t) \geq 0.5$），信誉评估窗口值 $W_i(t)$ 呈指数性增长，直到达到快增长阶段的阈值 W_f。受持续发起正常行为的用户值得获得接入网关更多的信任这一思想的启发，慢启动阶段能在不降低网络安全性的前提下减小网络的信誉评估计算消耗。

阶段 2：快增长阶段 （$b_I^x \neq \varnothing$，$\varphi_I^x(t) \geq 0.5$，$W_f < W_i(t) < W_{th}$）。在快增长阶段，如果用户的行为 b_I^x 被评估为正常行为，且信誉评估窗口值介于快增长窗口阈值 W_f 和最大评估窗口值 W_{th} 时，用户信誉评估窗口值呈线性增长趋势。这个方法避免了信誉评价窗口指数级增长导致的评价区间过大，有利于通过对用户行为的综合评估逐步建立稳定的信任关系。

阶段 3：保持稳定阶段 （$b_I^x \neq \varnothing$，$\varphi_I^x(t) \geq 0.5$，$W_i(t) \geq W_{th}$）。如果用户行为的评估窗口 $W_i(t)$ 超过最大评估窗口阈值 W_{th}，且 b_I^x 为正常行为，那么信誉评估窗口 $W_i(t)$ 被设置为最大评估窗口阈值 W_{th}。这种方法表明即使用户的行为 b_I^x 持续性表现为正常行为时，为了降低网络被攻击的风险，用户的行为仍需要定期进行评估。

阶段 4：快恢复阶段 （$b_I^x \neq \varnothing$，$\varphi_I^x(t) < 0.5$）。当用户的信誉值为正常阈值（$\varphi_I^x(t) < 0.5$）时，信誉评估窗口 $W_i(t)$ 快速恢复至初始窗口值 W_{init}，通过提高用户行为的信誉评估频率来降低攻击者持续攻击网络的风险。

阶段 5：缓下降阶段 （$b_I^x = \varnothing$）。当用户在当前时刻不向网络发起用户行为 b_I^x 时，用户信誉评估窗口 $W_i(t)$ 逐渐减少。缓下降阶段的评估窗口更新可以表示为 $W_i(t+1) = \max \{ W_i(t) - 2, W_{init} \}$。这一阶段为短时间内再次发起用户行为 b_I^x 的用户提供了信任基础，通过降低用户行为 b_I^x 长期不活跃的用户的信誉评估周期，提高了网络的安全性。动态评估窗口算法 5-1 的流程如表 5-3 所示。

表 5-3　动态评估窗口算法 5-1 流程

算法 5-1：动态评估窗口算法伪代码
输入： 　　用户 u_i 的身份认证行为 b_I^x 　　当前信誉评估窗口值 $W_i(t)$ 和信誉评估值 $\varphi_I^x(t)$

算法 5-1：动态评估窗口算法伪代码
输出：
更新的信誉评估窗口值 $W_i(t+1)$
1：   **if** b_l^* 为新行为
2：   信誉评估窗口值 $W_i(t)$ 设为初始窗口值 W_{init}
3：   窗口更新常数 n 设为初始值 n_{init}
4：   **else**
5：   **if** 身份认证行为 b_l^* 不为空
6：   **if** 信誉评估值 $\varphi_l^*(t)$ 大于正常阈值 0.5
7：   **if** 信誉评估窗口值 $W_i(t)$ 小于等于快增长窗口阈值 W_f
8：   % 动态评估窗口算法慢启动阶段
9：   **if** $W_f < W_{init} \cdot 2^{n+1}$
10： $W_i(t+1) = W_i(t) + 2$
11：   **else**
12： $W_i(t+1) = W_{init} \cdot 2^n, \ n = n+1$
13：   **end if**
14：   **else if** 信誉评估窗口值 $W_i(t)$ 介于 W_f 和 W_{th} 之间
15：   % 动态评估窗口算法快增长阶段
16：   **if** $W_i(t) + 2 > W_{th}$
17： $W_i(t+1) = W_{th}$
18：   **else**
19： $W_i(t+1) = W_i(t) + 2$
20：   **end if**
21：   **else**
22：   % 动态评估窗口算法保持稳定阶段
23： $W_i(t+1) = W_{th}$
24：   **end if**
25：   **else**
26：   % 动态评估窗口算法快恢复阶段
27： $W_i(t+1) = W_{init}, \ n = n_{init}$
28：   **end if**
29：   **else**
30：   % 动态评估窗口算法缓下降阶段
31： $W_i(t+1) = \max\{W_i(t) - 2, \ W_{init}\}, \ n = \max\{n-1, \ n_{init}\}$
32：   **end if**
33：   **end if**

5.5.2　信誉层次衰减算法

结合了动态评估窗口算法的信任评估模型 BTRM 仍有一些问题需要改进。

首先，在 5.4 节提出的信誉评估模型中，短时间不活动的用户的信誉会呈现快速下降的趋势。当用户再次活跃时，网络很难基于用户的历史信誉准确建立信任关系。

其次，从本研究提出的信誉评估公式中不难发现，长期不活跃用户的信誉值会收敛至正常用户信誉阈值边界 0.5。这使得被检测有异常行为（信誉值小于 0.5）的用户可以在长时间的静默后再次向网络发起攻击，增加了网络被攻击的风险。因此，针对用户不活跃的场景，本研究提出了信誉层次衰减算法——信誉层次衰减（RHDA）算法，以维护用户与网络之间的可信度、提高网络的安全能力。

以用户 u_i 身份认证行为 b_I^x 为例，本研究提出的信誉层次衰减算法 5 - 2 流程如表 5 - 4 所示。

表 5 - 4　信誉层次衰减算法 5 - 2 流程

算法 5 - 2：信誉层次衰减算法伪代码
输入： 　　用户 u_i 身份认证行为 b_I^x 的信誉 $\varphi_I^x(t_0)$ 　　用户 u_i 身份认证行为 b_I^x 的评估窗口值 $W_i(t_0)$ 　　上一次信誉评估时间 t_0； 输出： 　　更新的用户 u_i 身份认证行为 b_I^x 的信誉 $\varphi_I^x(t)$
1：　　**if** 身份认证行为 b_I^x 不为空
2：　　**if** $0 \leqslant t - t_0 \leqslant n_1 \cdot W_i(t_0)$
3：　　　用户短时间内不活跃时，用户信誉不衰减
4：　　　$\varphi_I^x(t) = \varphi_I^x(t_0)$
5：　　**else if** $n_1 \cdot W_i(t_0) < t - t_0 \leqslant n_2 \cdot W_i(t_0)$
6：　　　用户中短期内不活跃，用户信誉线性衰减
7：　　　$\varphi_I^x(t) = \varphi_I^x(t_0) - \sigma \cdot {}^{[t-t_0-n_1 \cdot W_i(t_0)]}$
8：　　**else**
9：　　　用户长时间不活跃，用户信誉指数衰减
10：　　　$\varphi_I^x(t) = [\varphi_I^x(t_0) - \sigma \cdot W_i(t_0)(n_2 - n_1)] \cdot \mathrm{e}^{\frac{n_2 \cdot W_i(t_0) - (t-t_0)}{W_i(t_0) \cdot (n_2 - n_1)}}$
11：　　**end if**
12：　　**end if**

在信誉层次衰减算法 5 – 2 中，$\varphi_I^x(t_0)$ 和 $W_i(t_0)$ 分别表示用户 u_i 在上次活跃时间 t_0 的信誉值和信誉评估窗口值。n_1 和 n_2 表征不同阶段衰减策略的常数，n_1 大于等于 n_2。σ 是信誉层次衰减算法的衰减因子。σ 越大，用户信誉线性下降的幅度也越大。

在信誉层次衰减算法中，若当前评估时间 t 与上一次用户活跃的时间 t_0 之间的时间间隔 $t - t_0$ 在 $0 \sim n_1 \cdot W_i(t_0)$ 时，用户的信誉值保持不变。这为短时间不活跃的用户再次活跃提供了用户信任评估基础。当 $n_1 \cdot W_i(t_0) < t - t_0 \leq n_2 \cdot W_i(t_0)$ 时，用户的信誉线性衰减，保证用户信誉在一段时间内不会衰减过快。当 $t - t_0 > n_2 \cdot W_i(t_0)$ 时，网络降低了长时间不活跃用户的信任度，用户信誉呈指数下降趋势。

本研究所提出的信誉层次衰减算法保证了用户的信誉值随着时间间隔的增加而降低，避免当用户长时间不活跃时用户信誉值增长到正常用户信誉阈值边界情况的发生。

5.5.3 改进的信誉评估模型

在上述两小节中，本研究设计了一个包含动态评估窗口算法和信誉层次衰减算法的动态评估机制，为本研究所提出的信誉评估模型 BTRM 提供了对用户行为的动态评估能力。然而，本研究所提出的信誉评估模型 BTRM 仍难以阻止已检测到恶意行为的用户多次攻击网络的行为。因此，在信誉评估模型 BTRM 中引入惩罚因子 η，使信誉值低于 0.5 的恶意用户需要执行更多的连续正常行为才能恢复其信誉值，$\eta \in [0, 1]$。η 越小，用户需要进行执行的连续正常行为才能够使其信誉值恢复正常。

以用户身份认证行为 $b_I^x(b_I^x = \varnothing)$ 为例，上文给出的信誉更新式（5 – 12）可以重新改写为带有惩罚因子 η 的式（5 – 13），即

$$\varphi_I^x(t) = \begin{cases} \rho \cdot \varphi_I^x(t-1) + (1-\rho) \cdot \tilde{\varphi}_I^x(t), & \varphi_I^x(t-1) \geq 0.5 \\ \rho \cdot \varphi_I^x(t-1) + (1-\rho) \cdot \eta \cdot \tilde{\varphi}_I^x(t), & \varphi_I^x(t-1) < 0.5 \end{cases} \quad (5-13)$$

式中：$\varphi_I^x(t-1)$ 为用户的身份认证行为 b_I^x 在前一个评估时刻 $t-1$ 的信誉；$\tilde{\varphi}_I^x(t)$ 和 $\varphi_I^x(t)$ 分别为用户身份认证行为在当前时刻 t 和更新后的信誉值；η 为惩罚因子；ρ 为更新因子，其含义与式（5 – 12）中一致。

因此，基于本研究所提出的信誉评估模型模型 BTRM 和所设计的动态评估机制 DEM，又提出了一种基于 DEM 的改进信誉评估模型模型 DEM – BTRM。

DEM – BTRM 算法 5 – 3 的流程如表 5 – 5 所示。

表 5 - 5　DEM - BTRM 算法 5 - 3 流程

算法 5 - 3：DEM - BTRM 算法伪代码
输入：
用户 u_i 的用户行为
输出：
用户 u_i 的更新信誉 $R_g(t)$
参数预设：
初始化 BTRM 中影响因子；初始化 DEM 参数
1：　　　**for** 在用户行为集合 $B(u_i)$ 中的每一种用户行为 B_{ij}
2：　　　　　% 以身份认证行为 B_I 为例展示时间窗口 $W_{xi,L}(t)$ 的评估过程
3：　　　　　**for** 身份认证行为 B_I 中的每一个子身份认证行为 b_I^x
4：　　　　　　　**if** 身份认证行为 b_I^x 不为空
5：　　　　　　　　　% 计算身份认证行为 b_I^x 的直接信誉
6：　　　　　　　　　$R_{D,b_I^x} = g(b_I^x) = \dfrac{S_I^x + 1}{S_I^x + \vartheta_I \cdot F_I^x + 2}$
7：　　　　　　　　　% 计算接入网关的网关信誉
8：　　　　　　　　　**for** $k = 1 \rightarrow m,\ k \neq j$
8：　　　　　　　　　$R_k = \dfrac{S_u + 1}{S_u + \vartheta_u \cdot F_u + 2}$
9：　　　　　　　　　**end for**
10：　　　　　　　　% 计算身份认证行为 b_I^x 的间接信誉
11：　　　　　　　　$R_{I,b_I^x} = \dfrac{\sum_{k=1,k\neq j}^{m} R_k \cdot \varphi_{ik}}{\sum_{k=1,k\neq j}^{m} R_k},\ R_k \geqslant 0.5$
12：　　　　　　　　% 计算身份认证行为 b_I^x 的聚合信誉
13：　　　　　　　　$\tilde{R}_{g,b_I^x} = \lambda \cdot R_{D,b_I^x} + (1-\lambda) \cdot R_{I,b_I^x}$
14：　　　　　　　　更新身份认证行为 b_I^x 的信誉
15：　　　　　　　　**if** b_I^x 之前的信誉值 $R_{g,b_I^x}(t-1)$ 大于等于 0.5
16：　　　　　　　　　$R_{g,b_I^x}(t) = \rho \cdot R_{g,b_I^x}(t-1) + (1-\rho) \cdot \tilde{R}_{g,b_I^x}(t)$
17：　　　　　　　　**else**
18：　　　　　　　　　$R_{g,b_I^x}(t) = \rho \cdot R_{g,b_I^x}(t-1) + (1-\rho) \cdot \eta \cdot \tilde{R}_{g,b_I^x}(t)$
19：　　　　　　　　**end if**
20：　　　　　　　　% 更新身份认证行为 b_I^x 的评估窗口
21：　　　　　　　　DEWA 算法
22：　　　　　　　**else**
23：　　　　　　　　% 更新身份认证行为 b_I^x 信誉值
24：　　　　　　　**end if**
25：　　　　　**end for**
26：　　　　计算身份认证行为 B_I 的信誉值

续表

算法 5 – 3：DEM – BTRM 算法伪代码
27: $\qquad \varphi_I(t) = \sum_{x=1}^{X} \alpha_x R_{g,b_I^x}(t)$
28: **end for**
29: $\qquad$ % 访问行为 B_A 和通信行为信誉 B_C 与 B_I 信誉计算过程一致
30: $\qquad$ 计算访问行为 B_A 和通信行为 B_C 的信誉
31: $\qquad$ 根据式（5 – 8）计算用户 u_i 的全局信誉 $R_g(t)$

5.6 评估设置

在本节中，首先介绍部署 DEM – BTRM 模型的原型系统，然后给出了几种用于对比试验的信誉评估方法。

5.6.1 原型系统

如图 5 – 3 所示，基于本研究所提出的 DEM – BTRM 模型，部署了一个基于区块链的原型系统进行性能评估。在 DELL PowerEdge R720 服务器集群上部署了 VMware vSphere 虚拟化平台，并在虚拟化平台中使用 Hyperledger Fabric 区块链架构部署 DEM – BTRM 模型。

在原型系统中，部署了 12 台服务器用于本研究所提出的 DEM – BTRM 模型进行性能评估，其中包括 9 台区块链赋能的接入网关服务器、1 台通用接入网关服务器和 2 台用户服务器。另外，基于搭建的原型系统，部署了具有 3 个组织（3 Orgs）的 Hyperledger Fabric 区块链，每个组织包含 1 个证书节点（1 CA）、1 个排序节点（1 Orderer）和 3 个对等节点（3 Peers）。区块链节点采用 Raft 共识算法实现区块链节点间的数据安全、可信共享。对节等点部署在 9 台执行区块链赋能的接入网关功能的服务器上。区块链赋能的接入网关通过 CLI 客户端与区块链通信，而通用接入网关则是通过 Fabric SDK 接口（fabric – sdk – py）与 Fabric 区块链进行交互。

在区块链中，以链码[148]的形式部署了多个智能合约来评估本研究所提出的 DEM – BTRM 模型的性能。首先，基于 Go 语言将 5.5 节中提出的算法 5 – 3 编译为信誉评估链码，使其能够根据用户行为知识动态评估用户信誉；另外，在用户行为集合（B_I、B_A 和 B_C）中选取了 3 个具有代表性的用户子行为（$b_{\text{auth } I}$、$b_{\text{acce } A}$

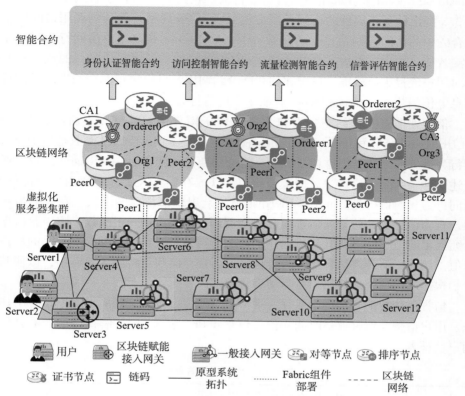

图 5 – 3　基于 DEM – BTRM 的原型系统

和 $b_{\text{send }C}$)。$b_{\text{auth }I}$ 反映了用户接入网络是身份是否合法，$b_{\text{acce }A}$ 则反映了用户是否获得网络资源的授权访问，$b_{\text{send }C}$ 则是一定程度上反映了用户在通信过程中是否发送异常数量的数据包。$b_{\text{auth }I}$、$b_{\text{acce }A}$ 和 $b_{\text{send }C}$ 分别记录在身份认证智能合约、访问控制智能合约和流量检测智能合约之中。

在评估过程中，在用户服务器中部署了 3 个脚本用来分别模拟用户的认证行为 $b_{\text{auth }I}$、访问控制行为 $b_{\text{acce }A}$ 和数据包发送行为 b_C^{send}，模拟了具有和不具有身份凭证的用户的两种 $b_{\text{auth }I}$ 行为。另外，还模拟了具有和不具有访问权限的用户的两种不同的 $b_{\text{acce }A}$ 行为。最后，模拟了文献［18］中提到的用户发送正常流量行为和发送恶意攻击行为（如低速率 DDoS 攻击、僵尸网络攻击等）的两种通信行为 b_C^{send}。

在不同的智能合约中部署不同的检测方法来评估用户发起的上述 3 种子行为是积极的还是消极的。在身份认证智能合约中，部署了文献［149］中的身份认证方法。信誉评估智能合约调用身份认证智能合约中的用户认证记录上传函数

uploadAuthRecord 来获取用户身份认证行为。在访问控制智能合约中，部署了本章3.3提出的基于属性的访问控制方法[150]。信誉评估智能合约调用访问控制智能合约中的访问控制信息上传函数 uploadAccRecord 获取用户访问行为。在流量检测智能合约中，部署了文献［151］中提出的基于深度强化学习的流量检测模型对用户流量进行检测。信誉评估智能合约调用流量检测智能合约中的通信行为信息上传函数 uploadComRecord 获取用户通信行为。

信誉评估智能合约中主要包含两个用于用户信誉计算和更新的合约函数：get UERecord 函数和 update UETrust 函数。其中，get UERecord 函数是用于获取用户行为数据的函数。信誉评估智能合约会周期性地调用 get UERecord 函数，通过上述3种合约的用户行为数据上传接口，获取存储在区块链中的用户身份行为、访问行为和通信行为。update UETrust 函数是用户信誉更新函数。在获取最新的用户行为信息后，信誉评估智能合约会调用 update UETrust 函数，该函数根据本研究提出的 DEM – BTRM 模型对用户行为进行评估，得到表征用户行为的用户信誉值。然后，信誉评估智能合约会将用户信誉存储和更新到区块链中，以便其他合约根据用户信誉进行用户行为动态管控。

信誉评估智能合约中维护了一个用户信誉表，其中存储了用户 u_i 的用户标识、用户信誉、信誉评估时间和信誉评估窗口。表5-6是信誉评估智能合约中用户信誉表。

表5-6　用户信誉信息表

U_{id}	R_g	R_i	R_a	R_c	T_g	T_i	T_a	T_c	W_i	W_a	W_c
90614809 b8c24a33 9d052b85 43911fd2	0.66	0.56	0.75	0.67	2022 – 04 – 25 15:36:11	2022 – 04 – 25 15:26:47	2022 – 04 – 25 15:33:19	2022 – 04 – 25 15:36:11	4	18	10
...	...	...	...	...	...	...	...	...	...	...	...
99a2ee2c4 7276387c 7e7c9118a b6deb9	0.74	0.83	0.62	0.78	2022 – 04 – 25 15:36:11	2022 – 04 – 25 15:36:11	2022 – 04 – 25 14:52:47	2022 – 04 – 25 15:35:11	16	8	28

表5-6中：U_{id} 为用户的唯一身份标识；R_g、R_i、R_a 和 R_c 分别为用户的全局信誉、用户身份信誉、访问行为信誉和通信行为信誉；T_g、T_i、T_a 和 T_c 分别为用户全局信誉、用户身份信誉、用户访问行为和用户通信行为信誉的评估时间；W_i、W_a 和 W_c 分别为身份认证行为、用户访问行为和通信行为的信誉评估窗口值。

5. 6. 2　评估方法

在本小节中，描述了几种用于对比分析的信誉评估方法。

1. 基准方法

在评估方法中引入了基准方法来直观反映每分钟用户行为的变化趋势。基准方法基于式（5 - 4）来评估每分钟的用户信誉。

与本研究提出的 DEM - BTRM 方法相比，基准方法没有引入惩戒因子来加强对恶意行为的惩罚。另外，基准方法只考虑当前时刻的用户行为，并没有考虑用户的历史行为对用户信誉的影响。因此，经基准方法计算得到的用户信誉值只能反映用户当前时刻的行为，不能充分反映用户的真实信誉值。

2. Josang 等提出的 BRS 模式

Josang 等[147] 提出的 BRS 评估模型被广泛应用在各种信任模型中，本研究所提出的 DEM - BTRM 模型也是基于 BRS 模型进行设计的，因此，有必要将 BRS 评估模型与本研究所提出的 DEM - BTRM 模型进行比较，以评估本研究所提出的 DEM - BTRM 模型的性能。

文献［147］提出的信誉评估方法可以表示为式（5 - 4）。另外，基于式（5 - 4），文献［147］还引入一个遗忘因子 λ 来更新信誉值 $R(t)$，因此，信誉更新公式如下：

$$R(t) = \frac{[\lambda \cdot s(t-1) + s(t)] + 1}{[\lambda \cdot s(t-1) + s(t)] + [\lambda \cdot f(t-1) + f(t)] + 2} \qquad (5-14)$$

式中：$s(t-1)$ 和 $s(t)$ 分别为用户在前一时刻 $t-1$ 和当前时刻 t 的积极行为的数量；$f(t-1)$ 和 $f(t)$ 分别为用户前一时刻和当前时刻的消极行为的数量。在 BRS 评估方法中，将式（5 - 14）中的遗忘因子 λ 设置为 0.4。

由于 BRS 模型评估方法没有应用本研究提出的动态评估机制，因此，在后续的评估中，BRS 模型评估方法需要每分钟评估一次用户行为。

3. Zhao 等提出的信誉评估方法

Zhao 等[152] 提出一种基于区块链的信誉评估方法。该方法考虑了对用户的隐性评价和显性评价，能够对用户行为进行综合评估，因此选用此方法作为本章中的一种对比评估方法。

在本章中，隐性评价 E 可以表示为

$$E = \frac{1}{2} \cdot e^{\frac{s_p}{N}} + \frac{1}{2} \cdot e^{\frac{s_n}{N}} - 1 \qquad (5-15)$$

式中：S_p 和 S_n 分别用户的积极评分和消极评分；N 为用户行为的总数量。将每个积极行为的得分设置为 + 1，消极行为的得分设置为 - 1。因此，可以通过将每个积极行为的得分乘以积极行为的数量获得用户的积极评分 S_p；同样，消极得分 S_n 可以通过每个消极行为的得分乘以负面行为的数量来计算。显性评价 D 是用户行为的直接评估。因此，选择式（5 - 14）中所示的 BRS 模型来表示对用户行为的显性评价。

用户的最终信誉值 R 能通过下式计算得到。

$$R = \alpha \cdot E + (1 - \alpha) \cdot D \qquad (5-16)$$

在此种评估方法中，将式（5 - 16）中的 α 参数设置为 0.4。另外，需要注意的是，此方法只考虑了当前的用户行为，并没有考虑用户之前的行为。因此，在用户信誉评估过程中，与本研究提出的 DEM - BTRM 模型评估方法相比，由于缺少评估窗口动态调整机制，Zhao 等提出的评估方法需要每隔一分钟对用户行为进行一次信誉评估。

4. Salman 等提出的方法

Salman 等在文献 ［153］ 中提出了一种基于指数加权平均（Exponentially Weighted Average，EWA）算法的信誉评估方法——RPMC - EWA。与本研究提出的 DEM - BTRM 模型评估方法中的式（5 - 14）一样，该方法也考虑了正常用户和恶意用户对信誉值的不同影响。因此，选择该方法与本研究提出的 DEM - BTRM 模型评估方法进行对比评估。

$$R(t) = \frac{1}{2} \cdot \left\{ \frac{\alpha \cdot (s + 1)}{s + f + 2} + (1 - \alpha) \cdot [2R(t - 1) - 1] \right\} + \frac{1}{2} \qquad (5-17)$$

$$R(t) = \frac{1}{2} \cdot \left\{ \frac{-\beta \cdot (s + 1)}{s + f + 2} + (1 - \beta) \cdot [2R(t - 1) - 1] \right\} + \frac{1}{2} \qquad (5-18)$$

RPMC - EWA 的信誉评估式为（5 - 17）和式（5 - 18）。如果 t 大于 0 且用户为正常用户，用户信誉可以由式（5 - 17）计算得到；相反，若 t 大于 0 且用户为异常用户时，用户信誉则由式（5 - 18）计算得到。在式（5 - 17）和式（5 - 18）中，α 和 β 分别表示信誉增加参数和信誉减少参数。在评估过程中，将 α 设置为 0.4，将 β 设置为 0.6，使得异常用户信誉的下降速度快于正常用户信誉下降的速度。s 和 f 分别表示正常用户行为和异常用户行为数量。$R(t - 1)$ 是用户之前的信誉值，$R(t)$ 则表示用户当前的信誉值。

同样，由于 RPMC - EWA 评估方法没有部署 DEM 机制，因此 RPMC - EWA 评估方法也需要每隔一分钟对用户行为进行一次评估。

5.7　性能评估

在本节中，首先分析在 DEM – BTRM 模型中引入的各种参数对模型性能的影响，之后评估本研究所提出的动态评估机制中动态评估窗口算法和信誉层次衰减算法的性能。表 5 – 7 详细展示了评估过程中 DEM – BTRM 模型中各个参数的设置。

表 5 – 7　评估过程中 DEM – BTRM 模型的参数设置

评估过程	$\omega_1, \omega_2, \omega_3$	$\vartheta_L, \vartheta_A, \vartheta_C$	ρ	n_1, n_2	η	λ	σ
5.7.1（1）	$\omega_1=1, \omega_2, \omega_3=0$	$\vartheta_L=1, 1.2, 2, 4, \vartheta_A, \vartheta_C=0$	0.4	$n_1=2,$	0.8	0.5	0.01
5.7.1（2）		$\vartheta_L=2, \vartheta_A, \vartheta_C=0$	0, 0.2, 0.4, 0.6, 0.8		0.2, 0.4, 0.6,		
5.7.1（3）							
5.7.1（4）	$\omega_1, \omega_2, \omega_3=0, 1/6, 1/3, 1/2, 1$	$\vartheta_L, \vartheta_A, \vartheta_C=2$		$n_2=4$	0.8, 1		
5.7.1（5）	$\omega_1, \omega_2, \omega_3=1/3$	$\vartheta_L, \vartheta_A, \vartheta_C=1.2, 2, 4$	0.4		0.8		
5.7.2（1~2）	$\omega_1=1, \omega_2, \omega_3=0$	$\vartheta_L=2, \vartheta_A, \vartheta_C=0$					

5.7.1　模型参数评估

在本小节中，首先在只考虑单个用户行为的情况下，评估本研究所提出 DEM – BTRM 模型中 3 个参数（ϑ，ρ，η）的性能；然后，根据分析得到的参数值，评估 DEM – BTRM 模型中两个参数（ω，ϑ）在多用户行为场景下的性能。

1. 单用户行为下惩戒因子 ϑ 的评估

以身份认证子行为 $b_{\text{auth } I}$ 为例，基于本研究所提出的 DEM – BTRM 模型，评估连续 100min 内不同惩戒因子 ϑ 下身份认证行为信誉值的变化趋势，如图 5 – 4 所示。在图 5 – 4 中，使用 ϑ 来表示身份认证行为的惩戒因子 ϑ_I。图 5 – 4 的横坐标为评估用户行为的时间，纵坐标为评估得到的信誉值。选择文献［147］中的评估方法作为基准，以直观地展示每分钟身份认证子行为 $b_{auth\ l}$ 的变化。

从图 5-4 可以看出，与基准方法相比，DEM-BTRM 模型在不同的 ϑ 值下评估得到的用户信誉值变化不大，均低于基准方法评估得到的用户信誉值。这是因为 DEM-BTRM 模型考虑了用户的历史行为和当前行为，有效地防止恶意用户通过交替发起正常行为和异常行为来攻击网络。

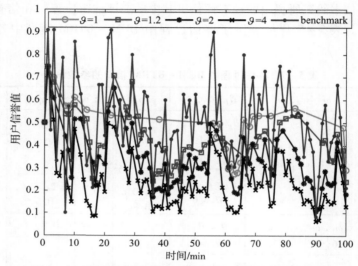

图 5-4　不同惩戒因子对 DEM-BTRM 模型性能的影响

另外，与其他方法相比，当 ϑ 值设为 1 时，虽然评估次数较少，但得到的用户信誉并不能及时反映用户行为的变化，这是因为惩戒因子 ϑ 设置为 1 意味着正常行为和异常行为对用户信誉值具有相同的影响。当用户行为在短时间内发生剧烈变化时，DEM-BTRM 模型在 ϑ 等于 1 时对异常行为的及时感知能力不足，导致用户信誉值变化存在一定的滞后性。

将惩戒因子 ϑ 的值设为大于 1 时，本研究所提出的 DEM-BTRM 模型能够改善对异常行为的感知，即使是很小比例的异常行为也能够对用户信誉造成影响。当惩戒因子 ϑ 的值设为 1.2、2 和 4 时，用户信誉的变化趋势与基准方法一致。惩戒因子 ϑ 越大，异常行为对用户信誉的影响越大。但是，如果 ϑ 的值设置过大，则会导致少量的潜在恶意行为对用户信誉造成剧烈的影响，这影响了信誉评估的效率。因此，在评估过程中，将惩戒因子 ϑ 的值设置为 1~4 是较为合适的。特别指出，当 ϑ 等于 2 时，模型能实时地对用户行为进行评估且具有更强的恶意行为感知能力。因此，在后面的评估过程中，将惩戒因子 ϑ 的值设置为 2。

2. 单用户行为下更新因子 ρ 的评估

图 5-5 展示了本研究所提出的 DEM-BTRM 模型在不同更新因子 ρ 下的性

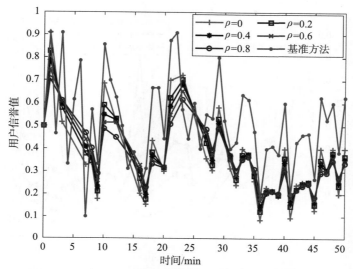

图 5 - 5　不同更新因子对 DEM - BTRM 模型性能的影响

能，横坐标表示用户行为的评估时间。

　　更新因子 ρ 设置为 0 时，表示在计算用户信誉时只考虑用户的当前行为。当 ρ 为 0 时，DEM - BTRM 模型评估的信誉值低于基准方法。这是因为 DEM - BTRM 模型引入惩戒因子 ϑ，使得恶意行为对用户信誉的影响更强。

　　更新因子 ρ 决定了用户之前行为对当前信誉值的影响程度。从图 5 - 5 可以看出，当更新因子设置为 0.2、0.4、0.6 和 0.8 时，用户信誉的变化趋势几乎相同。另外，更新因子 ρ 的值越小，用户的信誉变化越激烈。这是因为更新因子 ρ 的值越大，在评估用户的信誉时，先前行为对信誉的影响越显著。因此，在后续的评估中，不能只关注当前时刻的用户行为，还需要适当考虑用户的历史行为。在本研究中，将更新因子 ρ 值设置为 0.4。

3. 单用户行为下惩罚因子 η 的评估

　　惩罚因子 η 使得异常用户需要进行更多的正常行为才能够恢复其信誉值。如图 5 - 6 所示，当惩罚因子 η 设置为一个较小的值（如 0.2、0.4）时，用户需要执行更多的连续的正常行为才能够提升自身信誉。

　　图 5 - 6 展示了本研究所提出的 DEM - BTRM 模型中的惩罚因子 η 对用户信誉的影响。当用户信誉值低于正常阈值（0.5）时，如果用户仍然主动发起异常行为，则其信誉值更难以恢复。

　　当惩罚因子 η 设置为 1 时，DEM - BTRM 模型不对异常用户进行惩罚，异常用户仍可以通过执行少量的正常行为以实现用户信誉的提高；相反，当惩罚因子

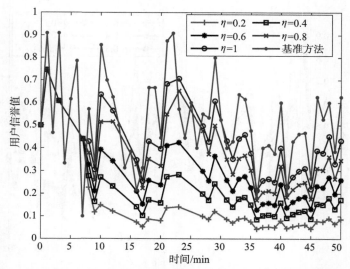

图 5 – 6　不同惩罚因子对 **DEM – BTRM** 模型性能的影响

设置太小，用户则需要执行更多连续的正常行为才能提高用户信誉。因此，需要设置一个合适的惩罚因子值，在不过度影响网络正常业务的情况下，对异常用户进行惩罚。在后文中，将惩罚因子 η 的值设置为 0.8。

4. 多用户行为下权重因子 ω 的评估

权重因子 ω_1、ω_2 和 ω_3 分别表征了用户身份认证行为、访问行为和通信行为对用户信誉的重要性。

为了验证 DEM – BTRM 模型是否能够全面评估用户的信誉，使用部署在用户服务器中的 Python 脚本来模拟 3 种用户行为（$b_{auth\,I}$、$b_{acce\,A}$ 和 b_C^{send}）。接入网关调用智能合约接口将以上 3 种用户行为存储在对应的智能合约（身份认证合约、访问控制合约和流量检测合约）中。

图 5 – 7 直观地展示了上述 3 种用户行为的变化情况。在 100 min 内，用户的身份认证行为 $b_{auth\,I}$ 在前 50 min 为正常行为，后 50 min 为异常行为。相反，用户的通信行为 $b_{send\,C}$ 在前 50 min 为正常行为，后 50 min 为异常行为。用户的访问行为 $b_{acce\,A}$ 在 100 min 内正常行为和异常行为随机出现。

图 5 – 8（a）、图 5 – 8（b）和图 5 – 8（c）分别展示了只考虑一个、两个和三个用户行为时用户信誉的变化情况。图 5 – 8 的横坐标为评估用户行为的时间，纵坐标表示模型评估得到的用户信誉值。

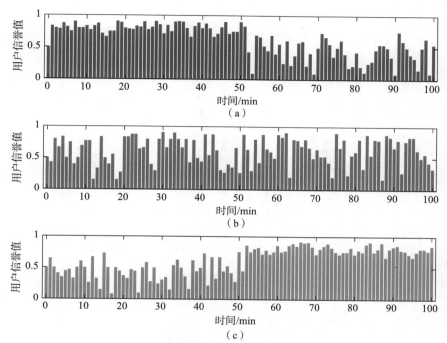

图 5 - 7　用户身份认证行为、访问行为和通信行为变化情况

（a）身份认证行为；（b）访问行为；（c）通信行为

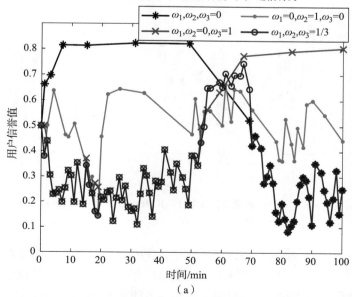

（a）

图 5 - 8　不同权重因子对 DEM - BTRM 模型性能的影响

（a）一个用户行为的影响

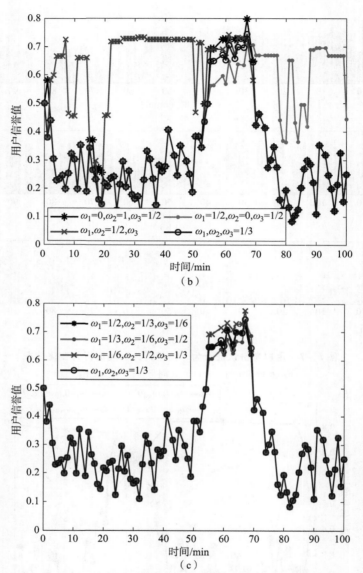

图 5 – 8　不同权重因子对 DEM – BTRM 模型性能的影响（续）

（b）两个用户行为的影响；（c）三个用户行为的影响

　　从图 5 – 8（a）和图 5 – 8（b）中可以看出，当 DEM – BTRM 模型只评估一个或两个用户行为时，模型能够直接反映这类用户行为的变化情况。另外，从图 5 – 8 中可以看出，本研究所提出的 DEM – BTRM 模型可以动态调整评估间隔，显著减少了评估次数。从图 5 – 8 中还可以看出，若只考虑一个或两个用户行为时，评估得到的用户信誉难以很好地表征用户的真实行为。

图 5-8（b）展示了 DEM-BTRM 模型在 4 种不同权重因子组合下用户信誉的评估结果。可以看出，本研究所提出的 DEM-BTRM 模型能够综合评估 3 种不同的用户行为，有效地抵御了歧视攻击。另外，试验结果表明，在不同的权重因子配置下，虽然 DEM-BTRM 模型评估的用户信誉具有相同的变化趋势，但评估得到的用户信誉值却是不同的。因此，网络需要根据自身的具体情况选择每种行为的权重因子 ω 或使用合适的算法（如人工智能算法、层次分析法、模糊推理法）来实现高效的恶意用户行为检测。

5. 多用户行为下惩戒因子 ϑ 的评估

如图 5-9、图 5-10 所示，对图 5-7 中展示的 3 种用户行为进行评估，以验证不同惩罚因子 ϑ 对用户接入信誉的影响。在本次评估中，将不同行为的权重因子（ω_1、ω_2 和 ω_3）设置为 1/3，然后依次分析 3 种不同惩戒因子（ϑ_I，ϑ_A，ϑ_C）组合对用户接入信誉的影响。惩戒因子的评估组合具体为：$\vartheta_I = 2$，$\vartheta_A = 4$，$\vartheta_C = 1.2$；$\vartheta_I = 4$，$\vartheta_A = 1.2$，$\vartheta_C = 2$；$\vartheta_I = 1.2$，$\vartheta_A = 2$，$\vartheta_C = 4$。

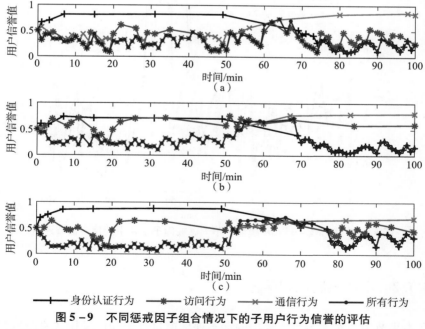

图 5-9　不同惩戒因子组合情况下的子用户行为信誉的评估

（a）$\vartheta_I = 2$，$\vartheta_A = 4$，$\vartheta_C = 1.2$ 时的用户信誉的评估；（b）$\vartheta_I = 4$，$\vartheta_A = 1.2$，$\vartheta_C = 2$ 时的用户信誉的评估；（c）$\vartheta_I = 1.2$，$\vartheta_A = 2$，$\vartheta_C = 4$ 时的用户信誉的评估

图 5 – 9 展示了在不同惩戒因子组合下本研究所提出的 DEM – BTRM 模型对每个用户行为的信誉值（身份认证行为、访问行为和通信行为）和总信誉值（全局信誉）的评估。从图 5 – 9 可以看出，本研究所提出的 DEM – BTRM 模型计算的总信誉值与每个行为的惩戒因子值密切相关。惩戒因子的值越大，该行为对用户总信誉值的影响越显著。因此，在实际部署过程中，每个行为都应该根据行为的具体情况（如分布规律）设置合适的惩戒因子值。

图 5 – 10 展示了 DEM – BTRM 模型在不同惩戒因子组合下的用户信誉评估。从图 5 – 10 中可以看出，不同惩戒因子组合对用户总信誉的评估结果是不同的。因此，如何为每个行为设置合适的惩戒因子，形成多个惩戒因子的组合，从而更好地对恶意用户行为进行检测是一个值得探讨的问题。由图 5 – 10 中用户整体信誉值的变化情况可以得出，当惩戒因子设置为 $\vartheta_I = 2$，$\vartheta_A = 4$，$\vartheta_C = 1.2$ 时，DEM – BTRM 模型对用户行为评估更准确。

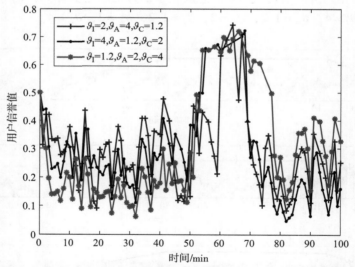

图 5 – 10　DEM – BTRM 模型在不同惩戒因子组合下的用户信誉评估

5.7.2　动态评估机制评估

在本小节中，对 5.5 节中提出的动态评估窗口算法和信誉层次衰减算法进行了评估。为了更直观地体现两种算法的性能，以用户身份认证行为中的身份认证统计行为 $b_{\mathrm{auth}\,I}$ 为例对评估结果进行展示。本研究所提出的 DEM – BTRM 模型中的各个参数的设置如下：$\lambda = 0.5$，$\vartheta_I = 2$，$\rho = 0.4$，$\eta = 0.8$，$\sigma = 0.01$，$n_1 = 2$，$n_2 = 4$。另外，W_{init} 和 n_{init} 都设置为 1。W_{th} 和 W_f 设置为 30 min 和 18 min。

1. 动态评估窗口算法评估

首先评估本研究所提出的动态评估窗口算法。图 5 – 11 展示了在 120 min 时间内动态评估窗口算法和固定评估窗口算法（fix 1、fix 10 和 fix 30）的用户信誉评估结果。fix 1，fix 10，fix 30 分别表示固定评估窗口时间调协为 1 min、10 min、30 min。图 5 – 11 中的横坐标和纵坐标分别表示评估的时间和评估得到的用户信誉值。

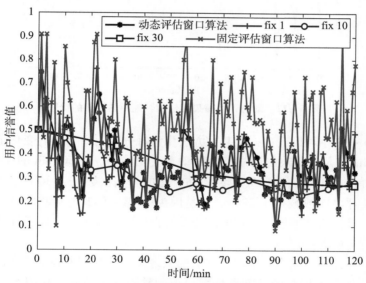

图 5 – 11 动态评估窗口算法和固定评估窗口算法的评估

从图 5 – 11 中可以直观地看出，当使用 10 min 和 30 min 的固定窗口评估算法对用户信誉进行计算时，尽管评估的次数少于使用动态评估窗口算法的次数，但是所得到的用户信誉值不能完全表征用户行为。另外，固定窗口评估算法为评估时间设置为 1 min 时，其与动态评估窗口算法都能够更好地反映出用户行为的动态变化情况。然而，动态评估窗口算法在 120 min 内仅需要进行 90 次评估，相比固定窗口设置为 1 min 的固定窗口评估算法减少了 25% 的评估次数。评估结果表明，本研究所提出的动态评估窗口算法能够准确地对用户行为进行评估，并能够有效减少用户行为评估次数。

随后，评估了本研究所提出的动态评估窗口算法与 5.6.2 节中的其他评估方法（benchmark，Josang 等，Zhao 等，Salman 等）的比较结果，如图 5 – 12 所示。

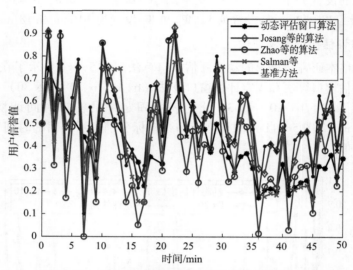

图 5 – 12　动态评估窗口算法和其他评估算法的比较

从图 5 – 12 中可以看出，以基准方法作为每分钟用户行为的变化依据，其他 4 种方法都能够及时反映出用户行为的动态变化趋势。在 50 min 的评估时间内，本研究所提出的 DEM – BTRM 模型评估方法的评估次数仅为 36 次，相比其他 3 种评估方法评估次数减少了 28%。这是因为 DEM – BTRM 模型采用了动态评估窗口算法，该算法能够根据用户的信誉及时自适应地调整用户信誉评估窗口，实现对用户行为的动态评估。

另外，还评估了动态评估窗口算法的稳定性。图 5 – 13 展示了在部署动态评估窗口算法后 3 个用户的信誉评估窗口值的动态变化情况。从图 5 – 13 可以看出，在 1 ~ 30 min 内，用户的信誉评估窗口随着用户上一个评估时刻的信誉值动态变化。当用户信誉持续为正常时，评估窗口收敛到 30 min 的最大评估窗口 W_{th}。另外，当用户连续被检测出发送恶意行为或者长时间处于不活跃状态时，用户的评估窗口收敛到 1 min 的最小评估窗口 W_{init}。

2. 信誉层次衰减算法评估

图 5 – 14 和图 5 – 15 展示了对动态评估机制中的信誉层次衰减算法的评估结果。为了更好地验证本研究所提出的信誉层次衰减算法，评估了用户在不活动 25 min 后继续进行异常行为和正常行为两种场景。图 5 – 14 和图 5 – 15 分别展示了在连续异常行为和连续正常行为的情况下使用本研究所提出的信誉层次衰减算法和 5.6.2 节中提出的其他评估方法（benchmark，Josang 等，Zhao 等，Salman 等）的对比结果。

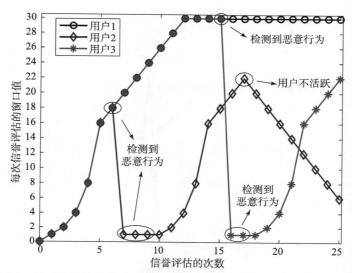

图 5 – 13　信誉评估模型 DEM – BTRM 与其他评估方法的比较结果

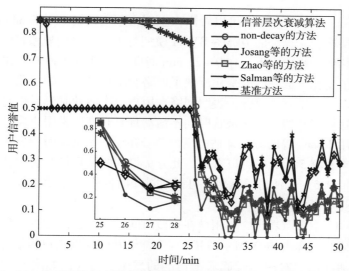

图 5 – 14　连续异常用户行为下信誉层次衰减算法与其他方法的评估结果

在评估过程中，使用基准方法来展示每分钟的用户行为变化情况。为了更直观地评估信誉层次衰减算法的性能，还选择了只部署动态评估窗口算法而不部署信誉层次衰减算法的 DEM – BTRM 模型进行对比分析。将基准方法中上一次用户活动时间 0 的信誉评估窗口值设置为 8 min。

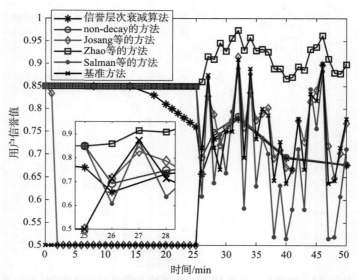

图 5 – 15   连续正常用户行为下信誉层次衰减算法与其他方法的评估结果

从图 5 – 14 和图 5 – 15 中可以看出，在用户不活动的 0 ~ 25 min 时间内，使用部署信誉层次衰减算法的 DEM – BTRM 模型与 Josang 等的模型评估得到的用户信誉呈下降趋势。相比之下，在 0 ~ 25 min 时间内，其他 3 种方法评估的用户信誉值没有发生变化。信誉值的变化反映了网络对用户信任度的变化。当用户不活跃时，若用户信誉未发生改变，表明网络在用户上次活动时刻后仍对用户保持高度的信任，这可能会增加网络被长时间不活动且具有高信誉用户攻击的风险。

尽管使用 Josang 等的方法评估的用户信誉在用户不活动时也发生了变化，但是从图 5 – 14 和图 5 – 15 中可以看出，此方法得到的用户信誉会快速收敛至正常信誉边界阈值 0.5。这使得恶意用户可以通过短时间停止活动来提升其信誉，增加了网络遭受攻击的风险。

从图 5 – 14 中可以看出，当用户在一段时间不活动后继续进行发起恶意用户行为时，本研究所提出的 DEM – BTRM 模型能够及时降低用户的信誉值，有效防止了长期不活动用户对网络发起攻击情况的发生。另外，如图 5 – 15 中可以得知，当用户持续进行正常行为时，DEM – BTRM 模型可以在用户长期不活跃后快速、准确地对用户行为进行评估。

以上两种不同场景下的评估结果验证了本研究所提出的信誉层次衰减算法的性能。评估结果表明，信誉层次衰减算法能够让网络长期动态维护与用户的信任关系，并以此来提升网络抵御恶意攻击的安全能力。

5.8　安全性分析

在用户接入网络的过程中，恶意用户可能向网络发起诸如 On – Off 攻击、DoS 攻击、重入攻击、女巫攻击和歧视攻击等攻击。因此，本节从安全性角度分析了本研究所提出的信誉评估 DEM – BTRM 模型对这些攻击的抵御能力。

5.8.1　抵御 On – Off 攻击

如图 5 – 12 所示，当用户连续发起正常行为时，本研究所设计的动态评估机制减少了评估次数，增加了信誉的评估间隔。当用户行为突然变为异常时，DEM – BTRM 模型能通过减小信誉评估间隔和增加信誉评估频率来抵御用户持续的恶意攻击行为。因此，本研究所提出的 DEM – BTRM 模型能够很好地抵御 On – Off 攻击。

5.8.2　抵御 DoS 攻击

从图 5 – 14 可以看出，对于 DoS 攻击等连续的恶意行为，本研究所提出的 DEM – BTRM 模型会将检测间隔设置为最小评估间隔，并通过增加检测频率对用户行为进行评估。另外，如图 5 – 6 所示，随着检测次数的增加，发起攻击的恶意用户的信誉值会迅速下降。可以将 DEM – BTRM 模型与基于信誉的动态控制方法相结合，抵御此类攻击对网络造成的危害。

5.8.3　抵御重入攻击

如表 5 – 4 所示，本研究所提出的 DEM – BTRM 模型将用户的唯一身份标识 U_{id} 和用户信誉值 R_g 存储在区块链上，实现了用户信誉与用户身份标识的映射，这能够有效地抵御恶意用户发起的重入攻击。另外，本研究所设计的信誉层次衰减算法为长期不活跃的用户提供了一种信誉计算方法，避免了长期不活跃用户的信誉收敛于正常信誉边界阈值的问题，有效地防止用户在长时间不活动后再次攻击网络行为的发生。

5.8.4　抵御女巫攻击

DEM – BTRM 模型在网络端实现了基于用户行为的用户信誉评估。一方面，即使用户具有多个身份，只要其行为异常，依然能被 DEM – BTRM 模型所检测到，如图 5 - 4 所示。另一方面，DEM - BTRM 模型对接入网络的用户行为进行了综合评估。具有虚假身份的用户只有同时在身份认证行为、访问行为和通信行为 3 方面表现正常，才不会被 DEM - BTRM 模型识别为恶意用户。通常情况下，发起女巫攻击的恶意用户难以同时产生包括以上两个方面的真实、正常的用户行为。另外，从表 5 - 4 可以看出，DEM - BTRM 模型在区块链中存储了用户的唯一身份标识和与用户信誉之间的映射关系，可以有效防止一个用户拥有多重身份和多个信誉的情况。因此，本研究所提出的 DEM - BTRM 模型能够很好地抵御女巫攻击。

5.8.5　抵御歧视攻击

从 5.5 节中可以看出，本研究所提出的 DEM - BTRM 模型综合考虑了用户接入网络的全过程行为，用户的恶意行为会准确地体现在其信誉上。如图 5 - 8 所示，当用户在其他服务中表现正常但对特定服务发起攻击时，DEM - BTRM 模型仍然可以检测到恶意行为。因此，本研究所提出的 DEM - BTRM 模型可以有效抵抗歧视攻击，增加了网络的安全性。

5.9　小　　结

本研究从可信信誉评估角度，研究基于区块链可信协议的动态信誉评估机制，确保信誉评估的可信。首先，本研究提出了一种综合考虑用户接入过程和通信过程累积行为知识的信任和信誉模型。其次，本研究还提出了一种动态评估机制，通过部署动态评估窗口算法和信誉层次衰减算法两种算法来提高网络的安全性。最后，将本研究提出的信誉评估模型部署在 Hyperledger Fabric 区块链中，通过信誉评估验证了本研究所提出的 DEM - BTRM 模型相比其他方法的性能优势。试验结果表明，本研究所提出的 DEM - BTRM 模型能够多维度、动态评估用户行为，准确检测恶意攻击，实现了用户信誉可信评估。

第**6**章

可信协议架构在装备研制领域的应用

本研究基于可信协议架构，针对武器装备研制应用场景，介绍一种能够满足武器装备研制数据安全、可信访问需求的基于区块链的装备研制数据细粒度访问控制系统及方法，通过采用基于密钥策略的属性加密方法，为链上链下存储的装备研制数据构建细粒度访问授权规则，实现对装备研制数据访问行为的安全可信管控。本研究所提出的访问控制方法可以对装备研制数据的访问控制过程进行安全管控，同时能够实现装备研制数据访问授权过程的记录和溯源，增强了装备研制数据访问授权过程的安全性和可靠性。

6.1 引　　言

装备研制数据是装备研制过程中不可或缺的重要资源，对于促进装备研制高效、精准和智能化发展，提高装备的品质及可靠性，具有重要意义。装备研制数据反映了装备研制过程中的各种信息和指标数据，具有机密性高、敏感性强、高价值性等特点。为了防止装备研制数据被泄露和不当使用，提高装备研制数据的可控性和安全性，迫切需要构建出可信、安全的装备研制数据访问控制系统。

现有的装备研制数据访问控制系统通常采用集中式部署方式，存在单点故障和访问授权瓶颈问题。另外，集中式部署方式难以对装备研制过程中不同装备研制参与方产生的研制数据进行统一授权管理，存在跨域访问授权难、响应速度慢等问题，不利于多部门、多单位之间的数据共享和协同，降低了装备研制过程中的研发效率。另外，现有的装备研制数据访问控制系统在系统自治扩展能力、访问数据隐私保护、授权访问行为溯源等方面仍存在着一些挑战。随着区块链技术的发展，基于区块链构建装备研制数据访问控制系统成为一种新的方向。基于区块链的装备研制数据访问控制系统具有去中心化、隐私保护、行为溯源、可扩展等优势，能够保障数据安全和隐私、实现数据共享和协同，适用于具有安全可靠需求的分布式装备研制数据管理场景。

现有几种常见的访问控制方法在装备研制数据授权访问方面存在以下问题：

（1）基于访问控制列表的装备研制数据访问控制方法存在权限管理复杂、访问授权灵活性差、无法细粒度授权等问题，难以满足装备研制数据访问授权场景中细粒度访问等安全需求。

（2）基于角色的装备研制数据访问控制方法将装备研制数据访问权限与访问角色进行对应，在安全性、细粒度访问控制等方面无法满足装备研制数据访问授权需求。

（3）基于属性的装备研制数据访问控制方法能够解决细粒度访问授权问题，但是由于存在属性统一获取和管理困难、属性定义复杂等问题，难以用于装备研制数据访问授权场景中。因此，迫切需要为装备研制数据构建一种新型、安全的访问控制方法。

本研究针对武器装备研制领域的数据可信访问的需求，将可信协议架构应用于装备研制领域，介绍一种基于属性基加密方法的访问控制系统，能够实现装备研制数据细粒度、安全可信的访问控制。本研究所提出访问控制方法具有灵活性强、系统复杂度低、防止内部攻击和安全性高等特点，能够较好地满足装备研制数据保密性强、敏感性高等特点。

6.2　基于区块链的访问控制系统模型

在本节中，首先介绍本研究所提出的基于区块链可信协议架构的访问控制系统模型，之后介绍系统模型中的各个模块的功能。

6.2.1　系统模型

图 6-1 为基于区块链可信协议架构的访问控制系统模型。如图 6-1 所示，基于区块链的装备研制数据细粒度访问控制系统包括系统角色和系统模块。系统

角色包括装备研制参与方和装备研制数据访问方；系统模块包括访问控制模块和访问控制合约。

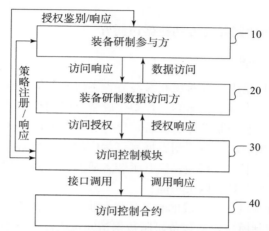

图 6 - 1　基于区块链可信协议架构的访问控制系统模型

装备研制参与方是装备研制数据的生产者和所有者，负责根据装备研制数据访问授权需求制订相应的装备研制数据访问策略，并通过访问控制模块在访问控制合约中进行策略注册；同时，装备研制参与方在装备研制数据访问方获取装备研制数据前，通过向访问控制模块查询装备研制数据访问方的访问授权情况，对用户访问权限进行鉴别。

装备研制数据访问方是装备研制数据的访问者，通过向访问控制模块发送装备研制数据访问控制请求和装备研制数据访问授权请求，获取装备研制数据的访问授权。另外，装备研制数据访问方在获取装备研制数据前，通过向装备研制参与方发送装备研制数据访问请求验证装备研制数据访问方的访问授权情况。

访问控制模块用于接收装备研制参与方发起的装备研制数据访问策略注册请求、装备研制数据访问方发起的装备研制数据访问控制请求和访问授权请求、装备研制参与方发起的装备研制数据访问授权鉴别请求，通过调用分布式区块链中访问控制合约接口，实现装备研制数据访问策略的上传、装备研制数据访问控制参数设置、装备研制数据访问授权和装备研制数据访问授权鉴别。

访问控制合约用于接收访问控制模块转发的装备研制数据访问策略注册请求、装备研制数据访问控制请求、装备研制数据访问授权请求和装备研制数据访问授权鉴别请求，调用不同接口实现装备研制数据访问策略注册上链、参数设置、访问授权和授权鉴别。

6.2.2 部署与功能

6.2.2.1 装备研制参与方和数据访问方

1. 装备研制参与方

在具体的应用场景中，装备研制参与方为本研究所提出访问控制系统的一个系统角色，用来统一表示装备研制过程中生成装备研制数据的各方，包括装备设计方、装备研制方、装备制造方、装备审核方、装备使用方等。装备研制参与方为装备研制过程中生成的装备研制数据制订相应的访问策略，有利于装备研制过程中不同阶段数据的审核、校验，提升了装备研制过程的可靠性、可观性以及可查性。装备研制参与方具有以下功能：

（1）对装备研制过程中生成的装备研制数据生成访问策略。

（2）向访问控制模块发送装备研制数据访问策略注册请求。

（3）接收访问控制模块返回的装备研制数据访问策略注册请求响应。

（4）接收装备研制数据访问方发送的装备研制数据访问请求。

（5）向访问控制模块发送装备研制数据访问授权鉴别请求。

（6）接收访问控制模块返回的装备研制数据访问授权鉴别请求响应。

（7）根据接收的装备研制数据访问授权鉴别请求响应，向装备研制数据访问方返回装备研制数据访问请求响应。

2. 装备研制数据访问方

同样，装备研制数据访问方为本研究所提出访问控制系统的另一个系统角色，用来统一表示访问装备研制过程中生成的装备研制数据的各方，包括装备承制方、装备分承制方、装备研制过程监管方等。装备研制数据访问方在访问装备研制数据前，需要获取装备研制参与方的授权许可，防止装备研制数据被恶意获取和访问。装备研制数据访问方具有以下功能：

（1）向访问控制模块发送装备研制数据访问控制请求。

（2）接收访问控制模块返回的装备研制数据访问控制请求响应。

（3）根据接收的装备研制数据访问控制请求响应和装备研制数据访问方自身属性生成访问控制密文。

（4）向访问控制模块发送装备研制数据访问授权请求。

（5）接收访问控制模块返回的装备研制数据访问授权请求响应。

（6）向装备研制参与方发送装备研制数据访问请求。

（7）接收装备研制参与方返回的装备研制数据访问请求响应。

6.2.2.2 访问控制模块与访问控制合约

1. 访问控制模块

本研究所提出的系统模型中的访问控制模块，具体部署在装备研制参与方以及装备研制数据访问方的分布式访问授权服务器上，通过运行模块、开放服务器端口，实现装备研制数据的策略注册、访问控制授权等操作。访问控制模块部署在分布式访问授权服务器上，接收装备研制参与方发送的装备研制数据访问策略注册请求，调用访问控制合约的策略注册接口，构建装备研制参与方、装备研制数据与装备研制数据访问策略之间的映射关系，在分布式区块链中存储装备研制数据访问策略，并向装备研制参与方返回装备研制数据访问策略注册请求响应。

另外，在装备研制数据访问授权过程中，访问控制模块接收装备研制数据访问方发送的装备研制数据访问控制请求和装备研制数据访问授权请求，通过调用参数设定接口和访问控制接口，基于接口传递的参数设置信息和访问控制信息，在分布式区块链中生成访问控制密钥信息，实现装备研制数据访问方的访问授权，并向装备研制数据访问方返回装备研制数据访问控制请求响应和装备研制数据访问授权请求响应。在装备研制数据访问过程中，访问控制模块接收装备研制参与方发送的装备研制数据访问授权鉴别请求，通过调用授权鉴别接口传递授权鉴别信息，在分布式区块链中鉴别装备研制数据访问方的授权并生成授权鉴别结果，并向装备研制参与方返回装备研制数据访问授权鉴别请求响应。访问控制模块的功能如下：

（1）接收装备研制参与方发送的装备研制数据访问策略注册请求。

（2）调用访问控制合约策略注册接口在分布式区块链中注册装备研制数据访问策略。

（3）接收访问控制合约返回的装备研制数据访问策略注册结果。

（4）向装备研制参与方发送装备研制数据访问策略注册请求响应。

（5）接收装备研制数据访问方发送的装备研制数据访问控制请求。

（6）调用访问控制合约参数设定接口生成访问控制密钥信息。

（7）接收访问控制合约返回的访问控制密钥信息中的公共参数。

（8）向装备研制数据访问方发送装备研制数据访问控制请求响应。

（9）接收装备研制数据访问方发送的装备研制数据访问授权请求。

（10）调用访问控制合约访问控制接口生成装备研制数据访问授权结果。

（11）接收访问控制合约返回的装备研制数据访问授权结果。

（12）向装备研制参与方发送装备研制数据访问授权请求响应。

（13）接收装备研制参与方发送的装备研制数据访问授权鉴别请求。

（14）调用访问控制合约授权鉴别接口生成装备研制数据访问授权鉴别结果。

（15）接收访问控制合约返回的装备研制数据访问授权鉴别结果。

（16）向装备研制参与方发送装备研制数据访问授权鉴别请求响应。

2. 访问控制合约

最后，访问控制模型在装备研制领域具体部署应用时，访问控制合约具体部署在装备研制参与方以及装备研制数据访问方的分布式访问授权服务器上，通过在分布式访问授权服务器搭建分布式区块链平台，将访问控制合约部署在分布式区块链上，为访问控制模块提供多种合约接口，以实现装备研制数据访问策略注册、装备研制数据访问方访问授权以及装备研制数据访问方授权鉴别等功能。访问控制合约为访问控制模块提供策略注册接口，通过策略注册接口传递的策略注册信息，在区块链中构建装备研制参与方、装备研制数据与装备研制数据访问策略之间的映射关系，并将映射关系存储在分布式区块链中，实现装备研制数据访问策略链上存储、注册，并向访问控制模块返回装备研制数据访问策略注册结果。在装备研制数据访问授权过程中，访问控制合约为访问控制模块分别提供参数设定接口和访问控制接口，基于上述两种合约接口传递的参数设置信息和访问控制信息，实现装备研制数据访问授权过程中访问控制密钥信息的生成和基于密钥策略的属性加密方法的装备研制数据访问授权，并向访问控制模块返回装备研制数据访问控制结果和装备研制数据访问授权结果。

另外，在装备研制数据访问授权结果生成的同时，访问控制合约还调用授权记录接口，将生成的访问授权记录存储在分布式区块链中，便于装备研制数据访问方访问授权鉴别以及访问授权行为的追溯；在装备研制数据访问过程中，访问控制合约向访问控制模块提供授权鉴别接口，基于接口传递的授权鉴别信息，对装备研制数据访问方的访问授权进行鉴别，并向访问控制模块返回装备研制数据访问授权鉴别结果。

访问控制合约的功能如下：

（1）接收访问控制模块调用策略注册接口传递的策略注册信息，构建装备研制参与方、装备研制数据以及装备研制数据访问策略映射关系，在区块链中注册装备研制数据访问策略，生成装备研制数据访问策略注册结果。

（2）向访问控制模块返回装备研制数据访问策略注册结果。

（3）接收访问控制模块调用参数设定接口传递的参数设置信息，查询被访问的装备研制数据链上信息，生成并存储访问控制密钥信息。

（4）向访问控制模块返回访问控制密钥信息中的公共参数，接收访问控制模块调用访问控制接口传递的访问控制信息，查询被访问的装备研制数据的访问策略。采用基于密钥策略的属性加密方法生成装备研制数据访问授权结果。

（5）调用授权记录接口，在分布式区块链中存储访问授权记录。

（6）向访问控制模块返回装备研制数据访问授权结果。

（7）接收访问控制模块调用授权鉴别接口传递的授权鉴别信息，查询访问授权记录，获取装备研制数据访问授权鉴别结果。

（8）向访问控制模块返回装备研制数据访问授权鉴别结果。

6.3　装备研制数据细粒度访问控制方法

本节首先介绍基于区块链的访问控制系统模型提出的细粒度访问控制方法全过程，随后分别从策略注册过程、访问授权过程以及数据访问过程对细粒度访问控制方法进行介绍。

6.3.1　装备研制数据访问控制全过程

图 6－2 为本研究所提出的基于区块链的装备研制数据细粒度访问控制方法流程，包括：装备研制数据访问策略注册上链；访问控制密钥参数设置；装备研制数据访问方的访问授权；装备研制数据访问方的授权鉴别和访问过程。

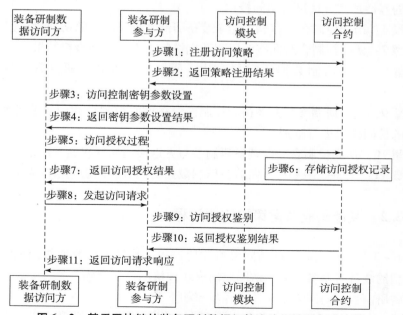

图 6－2　基于区块链的装备研制数据细粒度访问控制方法流程

　　装备研制数据访问策略注册过程包括：基于装备研制参与方；装备研制数据；装备研制数据访问策略；构建装备研制参与方；装备研制数据与装备研制数据访问策略之间的映射关系，并在分布式区块链中进行注册和存储。

　　装备研制数据访问授权过程包括：基于接收的装备研制数据访问控制请求和装备研制数据访问授权请求；验证装备研制数据访问方访问权限；对装备研制数据访问方的访问行为进行授权、记录。

　　装备研制数据访问过程包括：基于接收的装备研制数据访问请求；在分布式区块链中验证装备研制数据访问方的访问授权；实现装备研制数据的获取和访问。

　　基于区块链的装备研制数据细粒度访问控制方法步骤如下：

　　步骤1：装备研制参与方经访问控制模块在访问控制合约中注册装备研制数据访问策略。

　　步骤2：访问控制合约向装备研制参与方返回装备研制数据访问策略注册结果。

　　步骤3：装备研制数据访问方经访问控制模块在访问控制合约中进行访问控制密钥参数设置。

　　步骤4：访问控制合约向装备研制访问方返回访问控制密钥参数设置结果。

　　步骤5：装备研制数据访问方经访问控制模块在访问控制合约中采用基于密钥策略的属性加密方法进行访问授权。

　　步骤6：访问控制合约存储、记录装备研制数据访问方的访问授权记录。

　　步骤7：访问控制合约向装备研制数据访问方返回访问授权结果。

　　步骤8：装备研制数据访问方向装备研制参与方装备研制数据发起访问请求。

　　步骤9：装备研制参与方经访问控制模块在访问控制合约中对装备研制数据访问方的访问授权进行鉴别。

　　步骤10：访问控制合约向装备研制参与方返回访问授权鉴别结果。

　　步骤11：装备研制参与方向装备研制数据访问方返回访问请求响应。

6.3.2　装备研制数据策略注册过程

　　图6-3为装备研制数据访问策略注册过程，涉及本研究所提出的访问控制系统模型的装备研制参与方、访问控制模块和访问控制合约。

　　装备研制数据访问策略注册过程步骤如下：

　　步骤1：装备研制参与方发送装备研制数据访问策略注册请求PR，注册请求

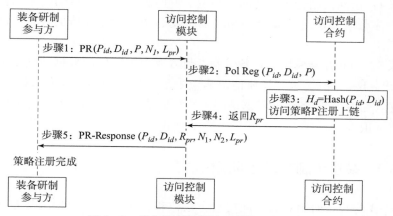

图 6 – 3 装备研制数据访问策略注册过程

中包含装备研制参与方名称 P_{id}、装备研制数据名称 D_{id}、装备研制数据访问策略 P、随机数 N_1、策略注册标识 L_{pr}。

装备研制参与方名称 P_{id} 为装备研制参与方的全局唯一身份标识，用于表示装备研制参与方身份。

装备研制数据名称 D_{id} 为装备研制过程中生成的装备研制数据的全局唯一标识，用于对装备研制数据进行区分。装备研制数据访问策略 P 是装备研制参与方为装备研制数据访问方合法、授权访问装备研制数据所设定的逻辑表达式，该逻辑表达式由能授权访问装备研制数据的访问方属性及其属性间关系所组成。

随机数 N_1 为装备研制参与方、装备研制数据访问方或访问控制模块生成的整数，用于防止重放攻击和验证装备研制数据访问方身份合法性。

策略注册标识 L_{pr} 数值为 0 和 1，在装备研制数据访问策略注册过程中，用于装备研制参与方和访问控制模块对发送和接收的装备研制数据访问策略请求和装备研制数据访问策略请求响应进行识别。

步骤 2：访问控制模块收到访问策略注册请求后，调用访问控制合约策略注册接口 Pol Reg 向访问控制合约传递策略注册信息。策略注册接口 Pol Reg 用于在区块链中注册访问控制模块传递的策略注册信息，并返回装备研制数据访问策略注册结果。策略注册信息包含装备研制参与方名称 P_{id}、装备研制数据名称 D_{id}、装备研制数据访问策略 P。

步骤 3：访问控制合约将装备研制参与方名称 P_{id} 和装备研制数据名称 D_{id} 映射为区块链中的装备研制数据的索引标识 H_d，通过构建装备研制数据索引标识 H_d 与装备研制数据访问策略 P 之间的映射关系，将装备研制数据访问策略 P 存储、注册在区块链中。$H_d = \text{Hash}(P_{id}, D_{id})$，Hash 为哈希函数。

步骤 4：访问控制合约向访问控制模块返回装备研制数据访问策略注册结果 R_{pr}，策略注册结果 R_{pr} 包括访问策略注册成功、访问策略注册失败和访问策略已注册。

步骤 5：访问控制模块向装备研制参与方返回装备研制数据访问策略注册请求响应 PR–Response，策略注册请求响应中包含装备研制参与方名称 P_{id}、装备研制数据名称 D_{id}、装备研制数据访问策略注册结果 R_{pr}、随机数 N_1、随机数 N_2、策略注册标识 L_{pr}。

6.3.3 装备研制数据访问授权过程

图 6–4 为装备研制数据访问授权方法流程，包括系统模型的装备研制数据访问方、访问控制模块和访问控制合约。

装备研制数据访问授权方法步骤如下：

步骤 1：装备研制数据访问方发送装备研制数据访问控制请求 AR，访问控制请求中包含装备研制数据访问方名称 A_{id}、装备研制参与方名称 P_{id}、装备研制数据名称 D_{id}、随机数 N_1、访问控制标识 L_{ar}。装备研制数据访问方名称 A_{id} 为访问装备研制数据的用户的全局唯一身份标识，用于表示装备研制数据访问方的身份。访问控制标识 L_{ar} 的数值为 0 和 1。访问控制标识 L_{ar} 在装备研制数据访问授权过程中用于装备研制数据访问方和访问控制模块对发送和接收的装备研制数据访问控制请求和装备研制数据访问控制请求响应进行识别。

步骤 2：访问控制模块接收访问控制请求后，调用访问控制合约的参数设定接口 Prm Set 向访问控制合约传递参数设置信息，用于在区块链中查询被访问的装备研制数据的注册信息，生成访问控制密钥信息，并返回访问控制密钥信息中的公共参数。参数设置信息包含装备研制数据访问方名称 A_{id}、装备研制参与方名称 P_{id}、装备研制数据名称 D_{id}。

步骤 3：访问控制合约首先生成装备研制数据索引标识 H_d，在区块链中索引被访问的装备研制数据 D_{id} 的访问策略 P 是否注册。若访问策略 P 未注册，则跳转至步骤 6，同时将装备研制数据访问控制结果 R_{ar} 设为参数设定失败，访问策略未注册；若访问策略 P 已注册在区块链中，则进入下一步骤。

步骤 4：访问控制合约将装备研制数据访问方名称 A_{id}、装备研制参与方名称 P_{id} 和装备研制数据名称 D_{id} 映射为区块链中的装备研制数据访问授权记录索引标识 R_d，在区块链中索引访问授权记录。若访问授权记录存在，则将访问授权记录中的访问授权令牌 T 经访问控制模块发送给装备研制数据访问方，访问授权过程结束；若访问授权记录不存在，则进入下一步骤。$R_d = \mathrm{Hash}(A_{id}, P_{id}, D_{id})$。

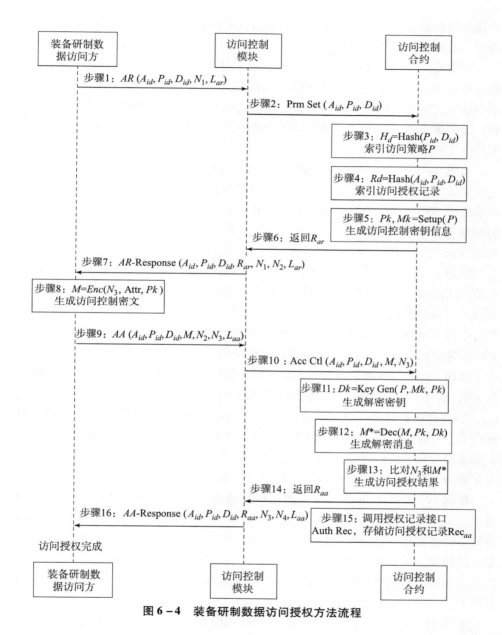

图 6 – 4　装备研制数据访问授权方法流程

步骤 5：访问控制合约调用基于密钥策略的属性加密方法中的参数设定随机算法 Setup，输入隐式安全参数 P，输出公共参数 Pk 和主密钥 Mk。同时，访问控制合约将装备研制数据访问控制结果 R_{ar} 设为得到的公共参数 Pk。$Mk = \mathrm{Setup}$ (P)。基于密钥策略的属性加密方法将策略嵌到密文中，属性嵌到密钥中，只有当装备研制数据访问方的属性与被访问装备研制数据的访问策略相匹配时，才能获得装备研制数据的访问授权。

步骤 6：访问控制合约向访问控制模块返回装备研制数据访问控制结果 R_{ar}。装备研制数据访问控制结果 R_{ar} 根据参数设定接口调用结果可以分为两类：①如果参数设定成功，则装备研制数据访问控制结果为访问控制密钥信息中的公共参数；②如果参数设定失败，则装备研制数据访问控制结果为参数设定失败，访问策略未注册。

步骤 7：访问控制模块生成随机数 N_2，并根据接收的访问控制结果 R_{ar} 向装备研制数据访问方发送装备研制数据访问控制请求响应 $AR - Response$。访问控制请求响应中包含装备研制数据访问方名称 A_{id}、装备研制参与方名称 P_{id}、装备研制数据名称 D_{id}、装备研制数据访问控制结果 R_{ar}、随机数 N_1、随机数 N_2、访问控制标识 L_{ar}。

步骤 8：装备研制数据访问方收到访问控制请求响应后，根据访问控制结果 R_{ar} 做出相应动作。若 R_{ar} 为参数设定失败，则结束访问授权过程；若 R_{ar} 为访问控制合约生成的公共参数 Pk，则生成随机数 N_3，并利用基于密钥策略的属性加密算法中的加密随机算法 Enc，输入生成的随机数 N_3、装备研制数据访问方属性 Attr 和接收到的公共参数 Pk，输出访问控制密文 M，$M = Enc(N_3, Attr, Pk)$。

步骤 9：装备研制数据访问方向访问控制模块发送装备研制数据访问授权请求 AA，访问授权请求包含装备研制数据访问方名称 A_{id}、装备研制参与方名称 P_{id}、装备研制数据名称 D_{id}、访问控制密文 M、随机数 N_2、随机数 N_3、访问授权标识 L_{aa}。访问授权标识 L_{aa} 数值为 0 和 1，在装备研制数据访问授权过程中，用于装备研制数据访问方和访问控制模块对发送和接收的装备研制数据访问授权请求和装备研制数据访问授权请求响应进行识别。

步骤 10：访问控制模块收到访问授权请求后，调用访问控制合约的访问控制接口 Acc Ctl 向访问控制合约传递访问控制信息，用于在区块链中查询被访问的装备研制数据的访问策略，采用基于密钥策略的属性加密方法生成装备研制数据访问授权结果，并向访问控制模块返回装备研制数据访问授权结果。访问控制信息包含装备研制数据访问方名称 A_{id}、装备研制参与方名称 P_{id}、装备研制数据名称 D_{id}、访问控制密文 M、随机数 N_3。

步骤 11：访问控制合约调用基于密钥策略的属性加密算法中的密钥生成随机算法 Key Gen，输入以访问控制树结构存储在区块链中的装备研制数据访问策略 P、主密钥 Mk 和公共参数 Pk，输出解密密钥 Dk。$Dk = Key Gen(P, Mk, Pk)$。

步骤 12：访问控制合约调用基于密钥策略的属性加密算法中的解密随机算

法 Dec，输入接收的访问控制密文 M、公共参数 Pk 和解密密钥 Dk，输出解密消息 M^*。$M^* = \mathrm{Dec}(M, Pk, Dk)$。

步骤 13：访问控制合约通过比对解密消息 M^* 和接收的随机数 N_3 生成装备研制数据访问授权结果 R_{aa}。若消息比对一致，则访问控制合约生成访问授权令牌 T，设置授权令牌的有效时间 time_{exp}，并将访问授权结果 R_{aa} 设为生成的令牌 T；若消息比对不一致，则将访问授权结果 R_{aa} 设为访问授权失败。

步骤 14：访问控制合约向访问控制模块返回装备研制数据访问授权结果 R_{aa}。

步骤 15：访问控制合约调用授权记录接口 Auth Rec，构建装备研制数据访问授权记录索引标识 R_d，将访问授权记录 Rec_{aa} 存储在区块链中。访问授权记录 Rec_{aa} 包含装备研制数据访问方名称 A_{id}、装备研制参与方名称 P_{id}、装备研制数据名称 D_{id}、装备研制数据访问授权结果 R_{aa}、访问授权令牌 T、令牌有效时间 time_{exp}，时间戳 time。

步骤 16：访问控制模块向装备研制数据访问方发送装备研制数据访问授权请求响应 $AA-\mathrm{Response}$，访问授权请求响应包含装备研制数据访问方名称 A_{id}、装备研制参与方名称 P_{id}、装备研制数据名称 D_{id}、装备研制数据访问授权结果 R_{aa}、随机数 N_3、随机数 N_4 和访问授权标识 L_{aa}。

6.3.4　装备研制数据访问过程

图 6-5 为本研究所提出的装备研制数据访问方法流程，包括系统模型中的装备研制参与方、装备研制数据访问方、访问控制模块和访问控制合约。

装备研制数据访问方法步骤如下：

步骤 1：装备研制数据访问方向装备研制参与方发送装备研制数据访问请求 AC，数据访问请求包含装备研制数据访问方名称 A_{id}、装备研制参与方名称 P_{id}、装备研制数据名称 D_{id}、访问授权令牌 T、随机数 N_1、访问请求标识 L_{ac}。

步骤 2：装备研制参与方收到访问请求后，向访问控制模块发送装备研制数据访问授权鉴别请求 AJ，访问授权鉴别请求包含装备研制数据访问方名称 A_{id}、装备研制参与方名称 P_{id}、装备研制数据名称 D_{id}、访问授权令牌 T、随机数 N_2、授权鉴别标识 L_{aj}。

步骤 3：访问控制模块收到授权鉴别请求后，调用访问控制合约的授权鉴别接口 Auth Jug 向访问控制合约传递授权鉴别信息，授权鉴别信息包含装备研制数据访问方名称 A_{id}、装备研制参与方名称 P_{id}、装备研制数据名称 D_{id}、访问授权令牌 T。

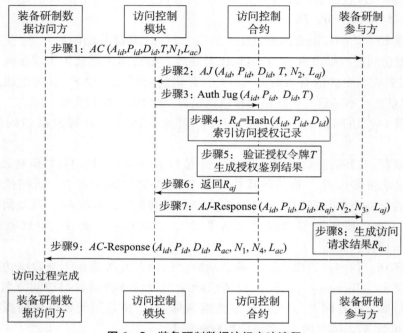

图 6-5　装备研制数据访问方法流程

步骤 4：访问控制合约将装备研制数据访问方名称 A_{id}、装备研制参与方名称 P_{id} 和装备研制数据名称 D_{id} 映射为区块链中的装备研制数据访问授权记录索引标识 R_d，并在区块链中索引访问授权记录 Rec_{aa}。若访问授权记录不存在，则访问授权鉴别结果 R_{aj} 设为访问授权鉴别失败，并跳至步骤 6；若访问授权记录存在，则进入下一步骤。

步骤 5：访问控制合约验证访问授权令牌 T 是否与区块链存储的访问授权记录中的令牌一致。若令牌不一致，则访问授权鉴别结果 R_{aj} 设为访问授权鉴别失败；若令牌一致，则访问控制合约通过比对令牌有效时间 $time_{exp}$ 来验证访问授权令牌是否有效。若令牌有效，则访问授权鉴别结果 R_{aj} 设为访问授权鉴别成功；若令牌无效，则访问授权鉴别结果 R_{aj} 设为访问授权鉴别失败。

步骤 6：访问控制合约向访问控制模块返回装备研制数据访问授权鉴别结果 R_{aj}。

步骤 7：访问控制模块根据收到的访问授权鉴别结果，向装备研制参与方发送装备研制数据访问授权鉴别请求响应 $AJ-Response$，访问授权鉴别请求响应包含装备研制数据访问方名称 A_{id}、装备研制参与方名称 P_{id}、装备研制数据名称 D_{id}、装备研制数据访问授权鉴别结果 R_{aj}、随机数 N_2、随机数 N_3、授权

鉴别标识 L_{aj}。

　　步骤 8：装备研制参与方根据接收的访问授权鉴别请求响应生成装备研制数据访问请求结果 R_{ac}。若访问授权鉴别成功，则将访问请求结果 R_{ac} 设为装备研制数据内容；若访问授权鉴别失败，则将访问请求结果 R_{ac} 设为未获访问授权，访问失败。

　　步骤 9：装备研制参与方生成随机数 N_4，并向装备研制数据访问方发送装备研制数据访问请求响应 $AC - Response$。访问请求响应包含装备研制数据访问方名称 A_{id}、装备研制参与方名称 P_{id}、装备研制数据名称 D_{id}、装备研制数据访问请求结果 R_{ac}、随机数 N_1、随机数 N_4、访问请求标识 L_{ac}。

6.4　小　　结

　　本研究介绍了一种基于区块链可信协议架构的装备研制数据细粒度访问控制方法，由装备研制参与方、装备研制数据访问方两个系统角色以及访问控制模块、访问控制合约两个系统模块共同组成。

　　装备研制参与方发起装备研制数据访问策略注册请求和装备研制数据访问授权鉴别请求，对访问策略进行注册和对访问授权进行鉴别。

　　装备研制数据访问方发起装备研制数据访问控制请求和装备研制数据访问授权请求，开启访问控制密钥参数设定和访问授权过程。

　　访问控制模块对策略注册、访问控制、访问授权和授权鉴别请求进行响应，并调用访问控制合约接口实现装备研制数据访问策略注册、装备研制数据访问授权过程的参数设定和访问授权、装备研制数据访问方授权鉴别等功能。

　　访问控制合约提供策略注册、参数设定、访问控制、授权记录接口，在分布式区块链中，实现访问策略注册、访问授权、授权记录和授权鉴别等功能，实现细粒度访问控制，确保访问授权行为可追溯。

　　本研究所提出的细粒度访问控制方法可以对装备研制数据的访问控制过程进行安全管控，同时还可以对装备研制数据的访问授权过程进行记录和溯源，增强了装备研制数据访问授权过程的安全性和可靠性。

参考文献

［1］ The European Telecommunications Standards Institute Experiential Networked Intelligence（ENI）［EB/OL］.［2023. 03. 01］. https：//www. etsi. org/committee/eni.

［2］ 网络 5. 0 技术白皮书［EB/OL］.［2023. 03. 01］. http：//www. network5. cn/index. php/article/ downfile/pathid/103. html.

［3］ 李克强. 政府工作报告——2019 年 3 月 5 日在第十三届全国人民代表大会第二次会议上［J］. 中华人民共和国国务院公报，2019.

［4］ ITU－T FG NET－2030. New Services and Capabilities for Network 2030：Description，Technical Gap and Performance Target Analysis ITU－T Network 2030［EB/OL］.［2023. 03. 01］. https：//www. itu. int/en/ITU－T/focusgroups/net2030/Documents/Deliverable_NET2030. pdf.

［5］ ITU－R WP5D. Report on the thirty－fourth meeting of Working Party 5D（Geneva，19－26 February 2020）［EB/OL］.［2023. 03. 01］. https：//www. itu. int/md/R19－WP5D－C－0134/en.

［6］ Jiang C，Ge N，Kuang L. AI－Enabled Next－Generation Communication Networks：Intelligent Agent and AI Router［J］. IEEE Wireless Communications，2020，27（6）：129－133.

［7］ Chen W，Wen C K，Li X，et al. Channel Customization for Limited Feedback in RIS－assisted FDD Systems［J］. IEEE Transactions on Wireless Communications，

（Early Access），2022.

[8] Liu W, Chen L, Chen Y, et al. Accelerating federated learning via momentum gradient descent [J]. IEEE Transactions on Parallel and Distributed Systems, 2020, 31 (8): 1754 - 1766.

[9] 涂哲，周华春，李坤，等. 信息网络内生恶意行为检测框架 [J]. 电信科学，2020, 36 (10): 37 - 45.

[10] He Y, Zhang J, Jin S, et al. Model - driven DNN decoder for turbo codes: Design, simulation, and experimental results [J]. IEEE Transactions on Communications, 2020, 68 (10): 6127 - 6140.

[11] He Y, He H, Wen C K, et al. Model - driven deep learning for massive multiuser MIMO constant envelope precoding [J]. IEEE Wireless Communications Letters, 2020, 9 (11): 1835 - 1839.

[12] Li X, Feng W, Chen Y, et al. Maritime coverage enhancement using UAVs coordinated with hybrid satellite - terrestrial networks [J]. IEEE Transactions on Communications, 2020, 68 (4): 2355 - 2369.

[13] Wang Y, Liu D, Ma S, et al. Ensemble learning - based rate - distortion optimization for end - to - end image compression [J]. IEEE Transactions on Circuits and Systems for Video Technology, 2020, 31 (3): 1193 - 1207.

[14] Lin J, Liu D, Li H, et al. M - LVC: Multiple frames prediction for learned video compression [C]. // 2020 IEEE/CVF Conference on Computer Vision and Pattern Recognition (CVPR 2020), Seattle, WA, USA, 2020: 3546 - 3554.

[15] Liu W, Chen L, Chen Y, et al. Accelerating federated learning via momentum gradient descent [J]. IEEE Transactions on Parallel and Distributed Systems, 2020, 31 (8): 1754 - 1766.

[16] Li K, Zhou H, Tu Z, et al. Blockchain Empowered Federated Learning for Distributed Network Security Behaviour Knowledge Base in 6G [J]. Security and Communication Networks, 2022 (2): 1 - 11.

[17] Li K, Zhou H, Tu Z, et al. Distributed network intrusion detection system in satellite - terrestrial integrated networks using federated learning [J]. IEEE Access, 2020 (8): 214852 - 214865.

[18] Li M, Zhou H, Qin Y. Two - stage intelligent model for detecting malicious DDoS behavior [J]. Sensors, 2022, 22 (7): 2532.

[19] El - Hajj M, Fadlallah A, Chamoun M, et al. A survey of internet of things (IoT) authentication schemes [J]. Sensors, 2019, 19 (5): 1141.

［20］ Yang X, Yang X, Yi X, et al. Blockchain – based secure and lightweight authentication for Internet of Things ［J］. IEEE Internet of Things Journal, 2021, 9 (5): 3321 –3332.

［21］ Ravidas S, Lekidis A, Paci F, et al. Access control in Internet – of – Things: A survey ［J］. Journal of Network and Computer Applications, 2019 (144): 79 –101.

［22］ Zhu X, Jiang C. Integrated satellite – terrestrial networks toward 6G: Architectures, applications, and challenges ［J］. IEEE Internet of Things Journal, 2021, 9 (1): 437 –461.

［23］ Zhang Z, Xiao Y, Ma Z, et al. 6G wireless networks: Vision, requirements, architecture, and key technologies ［J］. IEEE Vehicular Technology Magazine, 2019, 14 (3): 28 –41.

［24］ Mohanta B K, Jena D, Ramasubbareddy S, et al. Addressing security and privacy issues of IoT using blockchain technology ［J］. IEEE Internet of Things Journal, 2020, 8 (2): 881 –888.

［25］ Khowaja S A, Khuwaja P, Dev K, et al. A secure data sharing scheme in Community Segmented Vehicular Social Networks for 6G ［J］. IEEE Transactions on Industrial Informatics, 2022, 19 (1): 890 –899.

［26］ Dai H N, Zheng Z, Zhang Y. Blockchain for Internet of Things: A survey ［J］. IEEE Internet of Things Journal, 2019, 6 (5): 8076 –8094.

［27］ Wang J, Ling X, Le Y, et al. Blockchain – enabled wireless communications: a new paradigm to – wards 6G ［J］. National Science Review, 2021, 8 (9): nwab069.

［28］ Mohanta B K, Jena D, Panda S S, et al. Blockchain technology: A survey on applications and security privacy challenges ［J］. Internet of Things, 2019, 8: 100107.

［29］ Pohrmen F H, Das R K, Saha G. Blockchain – based security aspects in heterogeneous Inter – net – of – Things networks: A survey ［J］. Transactions on Emerging Telecommunications Technologies, 2019, 30 (10): e3741.

［30］ Shen M, Liu H, Zhu L, et al. Blockchain – assisted secure device authentication for cross – domain industrial IoT ［J］. IEEE Journal on Selected Areas in Communications, 2020, 38 (5): 942 –954.

［31］ Nguyen D C, Ding M, Pathirana P N, et al. 6G Internet of Things: A comprehensive survey ［J］. IEEE Internet of Things Journal, 2021, 9 (1):

359 – 383.

[32] Giordani M, Polese M, Mezzavilla M, et al. Toward 6G networks：Use cases and technologies [J]. IEEE Communications Magazine, 2020, 58 (3)：55 – 61.

[33] Xiong H, Wu Y, Jin C, et al. Efficient and privacy – preserving authentication protocol for heter – ogeneous systems in IIoT [J]. IEEE Internet of Things Journal, 2020, 7 (12)：11713 – 11724.

[34] Cui Q, Zhu Z, Ni W, et al. Edge – intelligence – empowered, unified authentication and trust eval – uation for heterogeneous beyond 5G systems [J]. IEEE Wireless Communications, 2021, 28 (2)：78 – 85.

[35] Cao L, Liu Y, Cao S. An authentication protocol in LTE – WLAN heterogeneous converged net – work based on certificateless signcryption scheme with identity privacy protection [J]. IEEE Access, 2019, 7：139001 – 139012.

[36] Athmani S, Bilami A, Boubiche D E. EDAK：An efficient dynamic authentication and key management mechanism for heterogeneous WSNs [J]. Future Generation Computer Systems, 2019 (92)：789 – 799.

[37] Zhang S, Cao Y, Ning Z, et al. A heterogeneous IoT node authentication scheme based on hybrid blockchain and trust value [J]. KSII Transactions on Internet and Information Systems (TIIS), 2020, 14 (9)：3615 – 3638.

[38] Khalid U, Asim M, Baker T, et al. A decentralized lightweight blockchain – based authentication mechanism for IoT systems [J]. Cluster Computing, 2020, 23 (3)：2067 – 2087.

[39] Panda S S, Jena D, Mohanta B K, et al. Authentication and key management in distributed iot using blockchain technology [J]. IEEE Internet of Things Journal, 2021, 8 (16)：12947 – 12954.

[40] Lin W, Zhang X, Cui Q, et al. Blockchain based unified authentication with zero – knowledge proof in heterogeneous MEC [C]// 2021 IEEE International Conference on Communications Workshops (ICC Workshops) . IEEE, 2021：1 – 6.

[41] Zhang H, Chen X, Lan X, et al. BTCAS：A blockchain – based thoroughly cross – domain authentication scheme [J]. Journal of Information Security and Applications, 2020 (55)：102538.

[42] Luo Y, Li H, Ma R, et al. A composable multifactor identity authentication and authorization scheme for 5G services [J] . Security and Communication Networks, 2021 (35)：1 – 18.

［43］ Szabo N. Formalizing and securing relationships on public networks ［J］. First Monday, 1997 (8).

［44］ Li Z, Kang J, Yu R, et al. Consortium blockchain for secure energy trading in industrial internet of things ［J］. IEEE Transactions on Industrial Informatics, 2017, 14 (8): 3690 – 3700.

［45］ Androulaki E, Barger A, Bortnikov V, et al. Hyperledger fabric: a distributed operating system for permissioned blockchains ［C］//The thirteenth EuroSys conference, Porto, Portugal, 2018: 1 – 15.

［46］ Hojjati M, Shafieinejad A, Yanikomeroglu H. A blockchain – based authentication and key agree – ment (AKA) protocol for 5G networks ［J］. IEEE Access, 2020 (8): 216461 – 216476.

［47］ 吴志军, 赵婷, 雷缙. 基于改进的 Diameter/EAP – MD5 的 SWIM 认证方法 ［J］. 通信学报, 2014, 35 (08): 1 – 7.

［48］ 华为技术有限公司. 通信网络 2030 ［R/OL］. https://www – file. huawei. com/ – /media/corp2020/ pdf/giv/industry – reports/communications_ network_2030_en. pdf. 2020.

［49］ You X, Wang C X, Huang J, et al. Towards 6G wireless communication networks: Vision, enabling technologies, and new paradigm shifts ［J］. Science China Information Sciences, 2021, 64 (1): 1 – 74.

［50］ 张宇, 张妍. 零信任研究综述 ［J］. 信息安全研究, 2020, 6 (7): 608 – 614.

［51］ 诸葛程晨, 王群, 刘家银, 等. 零信任网络综述 ［J］. 计算机工程与应用, 2022, 58 (22): 12 – 29.

［52］ Syed N F, Shah S W, Shaghaghi A, et al. Zero Trust Architecture (ZTA): A Comprehensive Survey ［J］. IEEE Access, 2022 (10): 57143 – 57179.

［53］ Kindervag J. Build security into your network's DNA: The zero trust network architecture ［EB/OL］. ［2023. 03. 01］. https://www. actiac. org/system/files/ Forrester_zero_trust _DNA. pdf.

［54］ He Y, Huang D, Chen L, et al. A survey on zero trust architecture: Challenges and future trends ［J］. Wireless Communications and Mobile Computing, 2022 (16): 1 – 13.

［55］ Uddin M A, Stranieri A, Gondal I, et al. A survey on the adoption of blockchain in IoT: Challenges and solutions ［J］. Blockchain: Research and Applications, 2021, 2 (2): 100006.

[56] Gadekallu T R, Pham Q V, Nguyen D C, et al. Blockchain for edge of things: applications, opportunities, and challenges [J]. IEEE Internet of Things Journal, 2021, 9 (2): 964 – 988.

[57] Sookhak M, Jabbarpour M R, Safa N S, et al. Blockchain and smart contract for access control in healthcare: A survey, issues and challenges, and open issues [J]. Journal of Network and Computer Applications, 2021 (178): 102950.

[58] Da Xu L, Lu Y, Li L. Embedding blockchain technology into IoT for security: A survey [J]. IEEE Internet of Things Journal, 2021, 8 (13): 10452 – 10473.

[59] García – Teodoro P, Camacho J, Maciá – Fernández G, et al. A novel zero – trust network access control scheme based on the security profile of devices and users [J]. Computer Networks, 2022 (212): 109068.

[60] Chen B, Qiao S, Zhao J, et al. A security awareness and protection system for 5G smart healthcare based on zero – trust architecture [J]. IEEE Internet of Things Journal, 2020, 8 (13): 10248 – 10263.

[61] Federici F, Martintoni D, Senni V. A Zero – Trust Architecture for Remote Access in Industrial IoT Infrastructures [J]. Electronics, 2023, 12 (3): 566.

[62] Mandal S, Khan D A, Jain S. Cloud – based zero trust access control policy: an approach to support work – from – home driven by COVID – 19 pandemic [J]. New Generation Computing, 2021, 39 (3 – 4): 599 – 622.

[63] Sandhu R S, Samarati P. Access control: principle and practice [J]. IEEE Communications Magazine, 1994, 32 (9): 40 – 48.

[64] Zhang Y, Kasahara S, Shen Y, et al. Smart contract – based access control for the internet of things [J]. IEEE Internet of Things Journal, 2018, 6 (2): 1594 – 1605.

[65] Saini A, Zhu Q, Singh N, et al. A smart – contract – based access control framework for cloud smart healthcare system [J]. IEEE Internet of Things Journal, 2020, 8 (7): 5914 – 5925.

[66] Rahman M U, Guidi B, Baiardi F. Blockchain – based access control management for decentralized online social networks [J]. Journal of Parallel and Distributed Computing, 2020 (144): 41 – 54.

[67] Sandhu R S. Role – based access control [M] // Advances in computers. Elsevier, 1998, 46: 237 – 286.

[68] Cruz J P, Kaji Y, Yanai N. RBAC – SC: Role – based access control using

smart contract [J]. IEEE Access, 2018 (6): 12240 – 12251.

[69] Kamboj P, Khare S, Pal S. User authentication using Blockchain based smart contract in role – based access control [J]. Peer – to – Peer Networking and Applications, 2021, 14 (5): 2961 – 2976.

[70] Hao X, Ren W, Fei Y, et al. A blockchain – based cross – domain and autonomous access control scheme for internet of things [J]. IEEE Transactions on Services Computing (Early Access), 2022 (21): 95 – 99.

[71] Hu V C, Kuhn D R, Ferraiolo D F, et al. Attribute – based access control [J]. Computer, 2015, 48 (2): 85 – 88.

[72] Zhang Y, Yutaka M, Sasabe M, et al. Attribute – based access control for smart cities: A smart – contract – driven framework [J]. IEEE Internet of Things Journal, 2020, 8 (8): 6372 – 6384.

[73] Han D, Zhu Y, Li D, et al. A blockchain – based auditable access control system for private data in service – centric IoT environments [J]. IEEE Transactions on Industrial Informatics, 2021, 18 (5): 3530 – 3540.

[74] WangP, Xu N, Zhang H, et al. Dynamic Access Control and Trust Management for Blockchain – Empowered IoT [J]. IEEE Internet of Things Journal, 2021, 9 (15): 12997 – 13009.

[75] Tu Z, Zhou H, Li K, et al. Blockchain – based differentiated authentication mechanism for 6G heterogeneous networks [J]. Peer – to – Peer Networking and Applications, 2023: 1 – 22.

[76] Rose S, Borchert O, Mitchell S, et al. Zero trust architecture [R]. National Institute of Standards and Technology, 2020.

[77] OASIS Standard. eXtensible Access Control Markup Language (XACML) Version 3. 0 [R/OL]. http://docs. oasis – open. org/xacml/3. 0/xacml – 3. 0 – core – spec – os – en. html. 2021.

[78] Putra G D, Dedeoglu V, Kanhere S S, et al. Trust – based blockchain authorization for IoT [J]. IEEE Transactions on Network and Service Management, 2021, 18 (2): 1646 – 1658.

[79] Liu J, Shi Y, Fadlullah Z M, et al. Space – air – ground integrated network: A survey [J]. IEEE Communications Surveys & Tutorials, 2018, 20 (4): 2714 – 2741.

[80] Liu C, Feng W, Chen Y, et al. Cell – free satellite – UAV networks for 6G wide – area Internet of Things [J]. IEEE Journal on Selected Areas in

Communications, 2020, 39 (4): 1116 – 1131.

[81] Li X, Feng W, Wang J, et al. Enabling 5G on the ocean: A hybrid satellite – UAV – terrestrial network solution [J]. IEEE Wireless Communications, 2020, 27 (6): 116 – 121.

[82] Feng B, Li G, Li G, et al. Enabling efficient service function chains at terrestrial – satellite hybrid cloud networks [J]. IEEE Network, 2019, 33 (6): 94 – 99.

[83] Long Q, Chen Y, Zhang H, et al. Software defined 5G and 6G networks: A survey [J]. Mobile Networks and Applications, 2019 (16): 1 – 21.

[84] Tang Z, Zhao B, Yu W, et al. Software defined satellite networks: Benefits and challenges[C]// 2014 IEEE Computers, Communications and IT Applications Conference (ComComAP 2014). Beijing, China, 2014: 127 – 132.

[85] Sheng M, Wang Y, Li J, et al. Toward a flexible and reconfigurable broadband satellite network: Resource management architecture and strategies [J]. IEEE Wireless Communications, 2017, 24 (4): 127 – 133.

[86] 140. Eliyan L F, Di Pietro R. DoS and DDoS attacks in Software Defined Networks: A survey of existing solutions and research challenges [J]. Future Generation Computer Systems, 2021 (122): 149 – 171.

[87] Davoli F. Satellite networking in the context of green, flexible and programmable networks [C]//The 6th International Conference on Personal Satellite Services. Next – Generation Satellite Networking and Communication Systems (PSATS 2014), Genoa, Italy, 2014: 1 – 11.

[88] Paleyes A, Urma R G, Lawrence N D. Challenges in deploying machine learning: a survey of case studies [J]. ACM Computing Surveys, 2022, 55 (6): 1 – 29.

[89] Telikani A, Tahmassebi A, Banzhaf W, et al. Evolutionary machine learning: A survey [J]. ACM Computing Surveys, 2021, 54 (8): 1 – 35.

[90] Deng B, Jiang C, Yao H, et al. The next generation heterogeneous satellite communication networks: Integration of resource management and deep reinforcement learning [J]. IEEE Wireless Communications, 2019, 27 (2): 105 – 111.

[91] Qiu C, Yao H, Yu F R, et al. Deep Q – learning aided networking, caching, and computing resources allocation in software – defined satellite – terrestrial networks [J]. IEEE Transactions on Vehicular Technology, 2019, 68 (6):

5871 – 5883.

[92] Shah S M J, Nasir A, Ahmed H. A survey paper on security issues in satellite communication network infrastructure [J]. International Journal of Engineering Research and General Science, 2014, 2 (6): 887 – 900.

[93] Alarqan M A, Zaaba Z F, Almomani A. Detection mechanisms of DDoS attack in cloud computing environment: A survey[C]// First International Conference on Advances in Cyber Security (ACeS 2019), Penang, Malaysia, 2020: 138 – 152.

[94] Kamboj P, Trivedi M C, Yadav V K, et al. Detection techniques of DDoS attacks: A survey[C]// 2017 4th IEEE Uttar Pradesh Section International Conference on Electrical, Computer and Electronics (UPCON 2017), Mathura, India, 2017: 675 – 679.

[95] Rashidi B, Fung C, Bertino E. A collaborative DDoS defence framework using network function virtualization [J]. IEEE Transactions on Information Forensics and Security, 2017, 12 (10): 2483 – 2497.

[96] Yan Q, Huang W, Luo X, et al. A multi – level DDoS mitigation framework for the industrial Internet of Things [J]. IEEE Communications Magazine, 2018, 56 (2): 30 – 36.

[97] Liaskos C, Kotronis V, Dimitropoulos X. A novel framework for modeling and mitigating distributed link flooding attacks [C]//The 35th Annual IEEE International Conference on Computer Communications (IEEE INFOCOM 2016), San Francisco, CA, USA, 2016: 1 – 9.

[98] Sahay R, Blanc G, Zhang Z, et al. ArOMA: An SDN based autonomic DDoS mitigation framework [J]. Computers & Security, 2017, 70: 482 – 499.

[99] Somani G, Gaur M S, Sanghi D, et al. Service resizing for quick DDoS mitigation in cloud computing environment [J]. Annals of Telecommunications, 2017 (72): 237 – 252.

[100] Wang X F, Reiter M K. Defending against denial – of – service attacks with puzzle auctions[C]// 2003 IEEE Symposium on Security and Privacy (S&P 2003), Berkeley, CA, USA, 2003: 78 – 92.

[101] Wang M, Zhou H, Chen J. A moving window principal components analysis based anomaly detection and mitigation approach in SDN network [J]. KSII Transactions on Internet and Information Systems (TIIS), 2018, 12 (8): 3946 – 3965.

[102] Priyadarshini R, Barik R K. A deep learning based intelligent framework to mitigate DDoS attack in fog environment [J]. Journal of King Saud University – Computer and Information Sciences, 2022, 34 (3): 825 – 831.

[103] Rahman O, Quraishi M A G, Lung C H. DDoS attacks detection and mitigation in SDN using machine learning[C]// 2019 IEEE World Congress on Services (SERVICES), Milan, Italy, 2019: 184 – 189.

[104] Tuan N N, Hung P H, Nghia N D, et al. A DDoS attack mitigation scheme in ISP networks using machine learning based on SDN [J]. Electronics, 2020, 9 (3): 413.

[105] Lima Filho F S, Silveira F A F, de Medeiros Brito Junior A, et al. Smart detection: an online approach for DoS/DDoS attack detection using machine learning [J]. Security and Communication Networks, 2019 (22): 1 – 15.

[106] Perez – Diaz J A, Valdovinos I A, Choo K K R, et al. A flexible SDN – based architecture for identifying and mitigating low – rate DDoS attacks using machine learning [J]. IEEE Access, 2020 (8): 155859 – 155872.

[107] Di A O, Ruisheng S, Lan L, et al. On the large – scale traffic DDoS threat of space backbone network[C]// 2019 IEEE 5th Intl Conference on Big Data Security on Cloud (BigDataSecurity), IEEE Intl Conference on High Performance and Smart Computing, (HPSC) and IEEE Intl Conference on Intelligent Data and Security (IDS), Washington DC, USA, 2019: 192 – 194.

[108] Usman M, Qaraqe M, Asghar M R, et al. Mitigating distributed denial of service attacks in satellite networks [J]. Transactions on Emerging Telecommunications Technologies, 2020, 31 (6): e3936.

[109] Shaaban A R, Abdelwanees E, Hussein M. Distributed Denial of Service Attacks Analysis, Detection, and Mitigation for the Space Control Ground Network: DDoS attacks analysis, detection and mitigation [J]. Proceedings of the Pakistan Academy of Sciences: A. Physical and Computational Sciences, 2020, 57 (2): 97 – 108.

[110] Koroniotis N, Moustafa N, Slay J. A new Intelligent Satellite Deep Learning Network Forensic framework for smart satellite networks [J]. Computers and Electrical Engineering, 2022 (99): 107745.

[111] Min J I A, Yuejie S H U, Qing G U O, et al. DDoS attack detection method for space – based network based on SDN architecture[J]. ZTE Communications, 2021, 18(4): 18 – 25.

［112］ Tu Z, Zhou H, Li K, et al. A routing optimization method for software – defined SGIN based on deep reinforcement learning ［C］// 2019 IEEE Global Communications Conference Workshops (GC Wkshps). Waikoloa, Hawaii, USA, 2019: 1 – 6.

［113］ Lillicrap T P, Hunt J J, Pritzel A, et al. Continuous control with deep reinforcement learning ［EB/OL］. ［2023.03.01］. https://arxiv. org/ pdf/1509. 02971.

［114］ Shi W, Gao D, Zhou H, et al. Traffic aware inter – layer contact selection for multi – layer satellite terrestrial network ［C］//2017 IEEE Global Communications Conference (GLOBECOM 2017), Singapore, 2017: 1 – 7.

［115］ Satellite Tool Kit (STK). ［EB/OL］. ［2023.03.01］. http: //www. agi. com/ products/stk/.

［116］ OMNeT + + ［EB/OL］. ［2023.03.01］. https://doc. omnetpp. org/ omnetpp/ UserGuide. pdf.

［117］ TensorFlow［EB/OL］. ［2023.03.01］. https://www. tensorflow. org/tutorials.

［118］ Alagoz F, Gur G. Energy efficiency and satellite networking: A holistic overview ［J］. Proceedings of the IEEE, 2011, 99 (11): 1954 – 1979.

［119］ Hochreiter S, Schmidhuber J. Long short – term memory ［J］. Neural Computation, 1997, 9 (8): 1735 – 1780.

［120］ Fahlman S, Lebiere C. The cascade – correlation learning architecture ［J］. Advances in Neural Information Processing Systems, 1989 (2): 1 – 9.

［121］ Cho K, Van Merriënboer B, Bahdanau D, et al. On the properties of neural machine translation: Encoder – decoder approaches［EB/OL］. ［2023.03.01］. https://arxiv. org/pdf/1409. 1259.

［122］ Schuster M, Paliwal K K. Bidirectional recurrent neural networks ［J］. IEEE Transactions on Signal Processing, 1997, 45 (11): 2673 – 2681.

［123］ Guo F, Yu F R, Zhang H, et al. Enabling massive IoT toward 6G: A comprehensive survey ［J］. IEEE Internet of Things Journal, 2021, 8 (15): 11891 – 11915.

［124］ Hassija V, Chamola V, Saxena V, et al. A survey on IoT security: application areas, security threats, and solution architectures ［J］. IEEE Access, 2019 (7): 82721 – 82743.

［125］ Jøsang A, Ismail R, Boyd C. A survey of trust and reputation systems for online service provision ［J］. Decision Support Systems, 2007, 43 (2): 618 – 644.

[126] Sharma A, Pilli E S, Mazumdar A P, et al. Towards trustworthy Internet of Things: A survey on Trust Management applications and schemes [J]. Computer Communications, 2020 (160): 475 – 493.

[127] She W, Liu Q, Tian Z, et al. Blockchain trust model for malicious node detection in wireless sensor networks [J]. IEEE Access, 2019 (7): 38947 – 38956.

[128] Braga D D S, Niemann M, Hellingrath B, et al. Survey on computational trust and reputation models [J]. ACM Computing Surveys, 2018, 51 (5): 1 – 40.

[129] Fortino G, Messina F, Rosaci D, et al. Using blockchain in a reputation – based model for grouping agents in the Internet of Things [J]. IEEE Transactions on Engineering Management, 2019, 67 (4): 1231 – 1243.

[130] Zheng Z, Xie S, Dai H N, et al. Blockchain challenges and opportunities: A survey [J]. International Journal of Web and Grid Services, 2018, 14 (4): 352 – 375.

[131] Bellini E, Iraqi Y, Damiani E. Blockchain – based distributed trust and reputation management systems: A survey [J]. IEEE Access, 2020 (8): 21127 – 21151.

[132] Fu X, Yue K, Liu L, et al. Reputation measurement for online services based on dominance relationships [J]. IEEE Transactions on Services Computing, 2018, 14 (4): 1054 – 1067.

[133] Li Q, Malip A, Martin K M, et al. A reputation – based announcement scheme for VANETs [J]. IEEE Transactions on Vehicular Technology, 2012, 61 (9): 4095 – 4108.

[134] Salamanis A, Kehagias D D, Tsoukalas D, et al. Reputation assessment mechanism for carpooling applications based on clustering user travel preferences [J]. International Journal of Transportation Science and Technology, 2019, 8 (1): 68 – 81.

[135] Li X, Wang Q, Lan X, et al. Enhancing cloud – based IoT security through trustworthy cloud service: An integration of security and reputation approach [J]. IEEE Access, 2019 (7): 9368 – 9383.

[136] Chen J, Tian Z, Cui X, et al. Trust architecture and reputation evaluation for internet of things [J]. Journal of Ambient Intelligence and Humanized Computing, 2019 (10): 3099 – 3107.

[137] Nwebonyi F N, Martins R, Correia M E. Reputation – based security system for edge computing [C] // The 13th International Conference on Availability,

Reliability and Security, Hamburg Germany, 2018: 1 – 8.

[138] Huang X, Yu R, Kang J, et al. Distributed reputation management for secure and efficient vehicular edge computing and networks [J]. IEEE Access, 2017, 5: 25408 – 25420.

[139] Guleng S, Wu C, Chen X, et al. Decentralized trust evaluation in vehicular Internet of Things [J]. IEEE Access, 2019, 7: 15980 – 15988.

[140] Shehada D, Gawanmeh A, Yeun C Y, et al. Fog – based distributed trust and reputation management system for internet of things [J]. Journal of King Saud University – Computer and Information Sciences, 2022, 34 (10): 8637 – 8646.

[141] Yang Z, Wang R, Wu D, et al. Blockchain – enabled trust management model for the Internet of Vehicles [J]. IEEE Internet of Things Journal (Early Access), 2021 (41): 12 – 22.

[142] Zhang H, Liu J, Zhao H, et al. Blockchain – based trust management for internet of vehicles [J]. IEEE Transactions on Emerging Topics in Computing, 2020, 9 (3): 1397 – 1409.

[143] Li M, Tang H, Wang X. Mitigating routing misbehavior using blockchain – based distributed reputation management system for IoT networks[C]// 2019 IEEE International Conference on Communications Workshops (ICC Workshops). Shanghai, China, 2019: 1 – 6.

[144] Xiao L, Ding Y, Jiang D, et al. A reinforcement learning and blockchain – based trust mechanism for edge networks [J]. IEEE Transactions on Communications, 2020, 68 (9): 5460 – 5470.

[145] Ghafoorian M, Abbasinezhad – Mood D, Shakeri H. A thorough trust and reputation based RBAC model for secure data storage in the cloud [J]. IEEE Transactions on Parallel and Distributed Systems, 2018, 30 (4): 778 – 788.

[146] Mousa H, Mokhtar S B, Hasan O, et al. Trust management and reputation systems in mobile participatory sensing applications: A survey [J]. Computer Networks, 2015 (90): 49 – 73.

[147] Josang A, Ismail R. The beta reputation system[C]// The 15th bled electronic commerce conference, Bled, Slovenia, 2002, 5: 2502 – 2511.

[148] Foschini L, Gavagna A, Martuscelli G, et al. Hyperledger fabric blockchain: Chaincode performance analysis[C]// 2020 IEEE International Conference on Communications (ICC 2020), Online, 2020: 1 – 6.

［149］Tu Z, Zhou H, Li K, et al. A blockchain – based user identity authentication method for 5G［C］// The 5th International Symposium on Mobile Internet Security（MobiSec 2021）, Jeju Island, South Korea, 2022: 335 – 351.

［150］Tu Z, Zhou H, Li K, et al. A Blockchain – Enabled Efficient Attribute – Based Access Control Scheme for Zero Trust Network［J］. Submitted to China Communications, 2017（8）: 435 – 439.

［151］Tu Z, Zhou H, Li K, et al. An energy – efficient topology design and DDoS attacks mitigation for green software – defined satellite network［J］. IEEE Access, 2020（8）: 211434 – 211450.

［152］Zhao Y, Li Y, Mu Q, et al. Secure pub – sub: Blockchain – based fair payment with reputation for reliable cyber physical systems［J］. IEEE Access, 2018（6）: 12295 – 12303.

［153］Salman T, Jain R, Gupta L. A reputation management framework for knowledge – based and probabilistic blockchains［C］//2019 IEEE International Conference on Blockchain（Blockchain）, Atlanta, GA, USA, 2019: 520 – 527.